空气负离子时空特征及其生态效应研究

——以黑龙江省为例

张冬有　著

国家自然科学基金面上项目（41171412）
黑龙江省自然科学基金项目（D201303）
资助

科学出版社
北　京

内 容 简 介

本书以黑龙江省为研究区，通过大量空气负离子观测数据，分别介绍城市公园森林、湿地环境、大兴安岭针叶林空气负离子浓度变化特征，以及黑龙江省空气负离子空间分布特征，阐述空气负离子与关键环境因子之间的关系，揭示空气负离子时空动态变化规律。

本书可供地理学、生态学、环境科学等领域的科研人员、相关学科的教师及研究生参考使用。

图书在版编目(CIP)数据

空气负离子时空特征及其生态效应研究：以黑龙江省为例/张冬有著. —北京：科学出版社，2020.12

ISBN 978-7-03-067027-4

Ⅰ. ①空… Ⅱ. ①张… Ⅲ. ①空气-阴离子-时空分布-研究-黑龙江省 Ⅳ. ①X831

中国版本图书馆 CIP 数据核字（2020）第 234342 号

责任编辑：孟莹莹 / 责任校对：樊雅琼

责任印制：赵 博 / 封面设计：无极书装

科学出版社出版

北京东黄城根北街 16 号

邮政编码：100717

http://www.sciencep.com

中煤（北京）印务有限公司印刷

科学出版社发行 各地新华书店经销

*

2020 年 12 月第 一 版 开本：720×1000 1/16

2025 年 1 月第二次印刷 印张：8 1/4 插页：3

字数：165 000

定价：99.00 元

（如有印装质量问题，我社负责调换）

前　言

空气负离子被誉为“空气维生素和生长素”，它是带负电荷的单个气体分子和轻离子团的总称，其浓度是评价空气质量的重要指标，森林环境中高浓度的空气负离子已成为一种宝贵的环境保健资源。空气中的负离子达到一定浓度时，它和山川湖泊、海滨沙滩、森林草原等自然资源一样，是自然旅游资源的组成部分，但它是看不见、摸不着的自然旅游资源。作为一种重要的新兴森林旅游资源，空气负离子以形态的无形性和保健价值高迎合了人们追求生态、健康的旅游心理。

空气负离子浓度随地理环境因素不同、季节不同、一天当中的具体时段不同而差别很大。但它不因地域变异，只要具有相似的地理环境因素，都呈现出规律性的分布。

在国家自然科学基金面上项目（41171412）和黑龙江省自然科学基金项目（D201303）的资助下，作者完成了本书内容研究以及撰写和出版。本书主要以黑龙江省为研究区，针对不同研究内容，作者选取了黑龙江省不同的典型研究区。本书共 6 章：第 1 章介绍了空气负离子定义、来源及研究意义；第 2 章介绍了研究区概况和基础数据；第 3 章以黑龙江省森林植物园为研究区介绍城市公园森林空气负离子浓度变化特征；第 4 章介绍湿地环境下空气负离子分布；第 5 章研究大兴安岭针叶林空气负离子浓度变化特征及其生态效益评价；第 6 章研究黑龙江省空气负离子空间分布特征。

本书主要汇集了作者近几年在空气负离子方面的一些研究成果。自 2012 年开展系统性研究以来，先后有齐超、单晟烨、李佳珊、邢海莹、汤秋嫄、高兴、王吉祥、吴迪、于泽西、杨江宁等研究生参与了实验与研究工作，在此一并致以衷心的谢意。

本书使用 COM3200PRO 空气负离子检测仪采集空气负离子数据，该检测仪采用 JIS 空气中离子密度测定方法中同轴二重圆筒式构造。由于不同构造的负离子检测仪器之间获取负离子数据存在较大差异，所以本书中的空气负离子数据只体现在空气负离子的趋势变化以及与各因素关系的研究方面，不用作比较各地空气负离子浓度的差异，在此特别说明。

由于作者水平有限，书中不妥之处在所难免，敬请各位读者批评指正。

作　者

2019 年 12 月

目　录

第 1 章 绪　论

1.1　空气负离子的定义及来源

空气负离子是空气中带负电荷的单个气体分子和轻离子团的总称（张双全等，2015；Terman et al.，1995），其成分包括 $O_2^-(H_2O)_n$、$OH^-(H_2O)_n$ 及 $CO_4^-(H_2O)_2$，因为氧气是空气的主要成分且容易获得电子，所以 $O_2^-(H_2O)_n$ 是空气负离子的主要存在形式（吴仁烨等，2017；丁慈文等，2016；钟林生等，1998）。如果将空气负离子按直径进行分类，通常可以分为小、中、大离子三类（赵雄伟等，2007；章志攀等，2006；邵海荣等，2000）：一般直径范围在 0.001～0.003μm 为小离子；中离子是通过一个个离子与周围几个中性分子相结合而形成的，通常中离子的直径为 0.003～0.030μm；大离子的直径一般在 0.030～0.100μm，是由小离子附着在尘埃颗粒上形成的。大离子由于体积较大，很容易被带异性电荷的离子中和而失去电性，所以大离子寿命很短，因此我们平时所说的空气负离子指的是具有最大生物活性的小离子。一般情况下，空气中的负离子的浓度略低于正离子浓度，通常比值为 1.00∶1.15（李少宁等，2009）。自然界空气负离子主要通过三种形式产生：一是放射性物质、雷电、紫外线等充当电离剂使空气发生电离，产生空气负离子；二是植物产生的萜烯类物质会促使空气电离，此外植物的尖端放电及光合作用过程也会促进负离子产生；三是水的雷纳德效应，高速运动的水体在重力的作用下发生裂解，产生大量空气负离子（陈欢等，2010）。

随着工业和城镇的飞速发展，工业煤烟和汽车尾气的排放量也不断增长，震惊世界的马斯河谷烟雾事件、伦敦烟雾事件、洛杉矶光化学烟雾事件、日本四日市哮喘事件及多诺拉烟雾事件为空气质量的保护敲响了警钟。近年来频发的雾霾更是将人们笼罩在白色的恐惧之中，人们出行往往都要带着厚厚的口罩，但是仍很难忍受刺眼的烟尘。种种迹象表明城市的发展过程中，空气污染似乎成了很难治愈的顽疾，这使得城市的发展与人们追求的舒适安逸生活相违背。面对空气污染的种种问题，国内外众多学者掀起了空气质量检测与治理的热潮，空气负离子作为空气清洁度评价的一项重要指标，与人类的生活息息相关，亦被众多学者所关注。

1.2 研 究 意 义

健康的大自然是人类最重要的生存环境，也是最好的物质基础和平台。空气负离子被誉为“空气维生素和生长素”（Jovani et al.，2001；Ryushi et al.，1998），它是带负电荷的单个气体分子和轻离子团的总称，其浓度是评价空气质量的重要指标，森林环境中高浓度的空气负离子已成为一种宝贵的环境保健资源（王淑娟等，2008）。在外界某种条件作用下，呈电中性的空气气体分子外层电子脱离原子核的束缚从轨道中逸出，使部分气体带正电荷，这些正电荷和逸出的电子与某些中性分子或原子结合成为阳离子或阴离子，即空气正离子和空气负离子。在现代居住环境中受到环境污染物，如汽车排放的废气、工厂的煤烟、大量使用的农药和化学物质等的影响，使得空气中负离子大量减少，而空气负离子具有降尘、灭菌等净化空气的作用和健康保健等多种功能，近几年空气负离子已成为世界各国研究的焦点（李少宁等，2009）。

森林的树木、叶枝尖端放电及绿色植物光合作用形成的光电效应，使空气电离而产生负离子。许多植物的茎、皮、叶等器官或组织分化成针状结构，这种曲率较小的针状结构会发生“尖端放电”作用而诱导空气产生负离子，因而针叶树种分布越多，其周围大气的负离子浓度就越高；植物在光合作用的光反应中，水的光解产生氧气和电子，氧气经过气孔释放到空气的过程中，氧气与产生的电子结合生成负氧离子；植物释放的挥发性物质，如植物精气（又称芬多精）等也能促进空气电离，从而增加空气负离子浓度（林忠宁，1999）；另外，森林环境中造就的特殊气候因子也是产生和维持负离子的重要因素，同时由于森林具有涵养水源的作用，森林中空气湿度较大，还可能产生山泉、瀑布等负离子发生源。

在围绕治理与保护生态环境问题的研究中，人们发现在远离人类活动范围的水体环境中，由于水体运动产生的游离在空气中的负氧离子和负水离子的浓度指数相较于人类活动频繁区域均处于较高水平（邓亚东等，2005）。通过对此类离子（即空气负离子）的研究发现，空气负离子对人体健康有利（何彬生等，2016）。空气负离子具有降低污染物浓度、杀灭细菌、分解中和挥发性有害物质的作用。空气负离子与大气环境污染物有着显著的负相关性，通过监测空气负离子浓度可以直观有效地反映监测区的空气清洁程度，因此空气负离子不仅是评价环境空气质量的重要指标，对于生态旅游区的开发和人居环境的选址也都有着非常重要的指导意义。

通过研究水体环境空气负离子浓度，可以在城市环境规划建设中不过于片面着重于植被绿化，而是将绿地建设与瀑布、跌水、湖泊、溪流等水体环境综合开发利用，既利于城市环境空气质量的改善与提高，也利于城市景观特色的体现。

掌握空气负离子生态效应在定量水平上的特征和规律具有重要意义，主要体现在：①生态环境质量的量化评价。在生态环境评价中，空气负离子浓度被列为衡量空气质量的重要评价指标。国内外对空气负离子的评价还没有统一标准，空气负离子评价指标有单极系数、重离子与轻离子比、空气离子相对密度、安倍空气负离子评价指数、空气负离子系数和森林空气离子评价指数等（曾曙才等，2006）。不同环境条件下的空气离子水平差异很大，因而评价标准也不同（吴楚材等，2001；邵海荣等，2000；钟林生等，1998；李安伯，1988）。②生态旅游。森林中之所以空气清新、洁净，主要原因之一是森林空气中含有高浓度的空气负离子，空气负离子对于生命必不可少，对人体健康十分有益（Jovanic et al.，2001；Ryushi et al.，1998）。随着国内外森林公园的建立和生态旅游的蓬勃发展，空气负离子浓度水平成为评价森林旅游区空气质量的一个重要指标。空气中的负离子达到一定浓度时，它和山川湖泊、海滨沙滩、森林草原等自然资源一样，是自然旅游资源的组成部分，但它是看不见、摸不着的自然旅游资源。作为一种重要的新兴森林旅游资源，空气负离子以科技含量高、形态的无形性和保健价值高迎合了人们追求生态、健康的旅游心理。

但是国内关于空气负离子的研究基本是对一定环境的空气负离子浓度进行测定，然后分析其动态变化及其与周围环境因子的关系，机理方面还有待深入研究。国内研究树种对空气负离子的影响，不同研究得出的结论不同。吴楚材等（2000）发现针叶林空气负离子浓度高于阔叶林，并认为主要原因是针叶树树叶呈针状，等曲率半径较小，具有“尖端放电”功能，使空气发生电离，从而提高空气中的负离子水平。邵海荣等（2005）在北京地区的研究表明，针叶林中的空气负离子年平均浓度高于阔叶林，但春夏季阔叶林的浓度比针叶林高，秋冬季则针叶林高于阔叶林。王洪俊（2004）发现，相似层次结构的针叶树人工林和阔叶树人工林的平均空气负离子浓度并无显著差异，只是负离子浓度高峰的出现时间不同。刘凯昌等（2002）对不同林分空气负离子浓度进行测定发现，c (阔叶林)＞c (针叶林)＞c (经济林)＞c (草地)＞c (居民区)。所以，关于针叶树和阔叶树对空气负离子的影响，目前还没有一致的结论，这可能与测定季节、林分年龄、林分长势、林分结构等因素不同有关。

德国科学家埃尔斯特（Elster）和格特尔（Geital）于 1889 年首先发现了空气负离子的存在。1902 年，阿沙马斯（Aschkinass）等肯定了空气负离子的生物学意义（邵海荣等，2005）。1903 年，俄罗斯学者首次发表了用空气负离子治疗疾病的学术论文。1931 年一位德国医生发现空气负离子对人体的生理影响。1932 年，美国发明了世界上第一台医用空气负离子发生器。从此，空气负离子研究在欧洲各国、美国、日本等国开始普及。同时，空气负离子的保健作用一直是欧洲各国、美国、日本等国积极研究的课题（Hideo et al.，2002；Ryushi et al.，1998；Daniell et al.，1991；Krueger，1985）。半个多世纪以来，空气负离子研究在欧洲各国、美国、日本等国都经历了很长的发展、应用阶段：20 世纪 30 年代德国人 Dessauer 开创了大气正、负离子生物效应的研究，从此形成了关于空气负离子生物效应的第一次研究高潮；第二次世界大战后，美国加州大学的 Albeter Pani Kragan 教授和他的研究小组开创了空气负离子生物效应的微观研究与实验，把对空气负离子的研究推向了第二次开发与应用的高潮；20 世纪 70 年代掀起了对空气负离子研究的第三次浪潮（李安伯，1988）。

我国对空气负离子的研究始于 1978 年，经历了 20 世纪 80 年代初和 90 年代初两个空气负离子研究的发展高潮（邵海荣等，2005）。目前，我国关于空气负离子方面的研究，主要侧重于人为干扰环境和自然环境中空气负离子浓度水平、空气负离子在医疗保健中的作用及其机理、空气负离子资源的开发利用等（吴楚材等，2001；邵海荣等，2000）。

1.2.1 空气负离子评价

国外学者以城市工业区和居民生活区空气负离子为研究对象，建立了一系列空气负离子评价模型，取得了一些重要的研究成果，其中以联邦德国和日本的研究人员取得的成绩最为显著。

联邦德国研究人员在同时测定国内大量工厂、车间空气中负离子含量的基础上，建立了空气负离子相对浓度模型：

$$D_a\% = \frac{n_a^+ + n_a^-}{n_0^+ + n_0^-} \times 100\%$$

式中，n_a^+、n_a^- 分别为空气正、负离子浓度；n_0^+、n_0^- 分别为空气正、负离子标准浓度。该模型是以城市工业区空气离子为研究对象。其评价结果反映出空气中离子实际监测值与环境标准间的数量关系，能较好地表现工业区的空气污染程度，但不能很好地表示负离子的状况。且此模型的适用范围较小，在较为清洁的地区不宜用此模型。

日本学者安倍通过对城市居民生活区空气负离子的研究，建立了空气负离子评价指数（air ion assessment index，CI）模型（钟林生等，1998）：

$$\mathrm{CI} = \frac{n^-}{1000} \times \frac{1}{q}$$

式中，n^- 为空气负离子浓度；q 为单极系数；1000 为满足人体生物学效应最低需求的空气负离子浓度。

单极系数 q 也是评价空气离子的重要指标。计算公式为

$$q = n^{+} / n^{-}$$

式中，n^{+}表示空气正离子浓度。当 q 小于 1 时，人们会有舒适感。

CI 指标已在国外城市空气离子评价中成功应用，目前是国际上通行的空气清洁度评价标准。CI 值越大，空气质量越好。其评价标准见表 1-1。

表 1-1　空气清洁度评价标准

等级	清洁度	CI 值
A 级	最清洁	＞1.00
B 级	一般清洁	1.00～0.70
C 级	中等清洁	0.69～0.50
D 级	允许	0.49～0.30
E 级	临界值	0.29

安倍空气负离子评价指数模型以城市居民生活区为研究对象，对城市居民区负离子状况的评价结果较好，该系数能够反映出负离子在空气中的状况。由于森林中负离子数量大，单极系数的取值范围较大，分布很散，若用其对森林旅游区进行评价，会对评价结果的数据处理带来一定的影响，故其不适用负离子浓度大的区域。

石强等（2004）基于安倍空气负离子评价指数模型，根据森林环境中空气离子的特性，结合人们开展森林旅游的目的，提出了森林空气离子评价指数（forest aeroion assessment index，FCI）模型：

$$\mathrm{FCI} = \frac{n^{-}}{1000} \times P$$

式中，FCI 为森林空气离子评价指数；P 为空气负离子系数；n^{-}为空气负离子浓度；1000 表示人体生物学效应最低负离子浓度。空气负离子系数 P 为大气离子中的负离子比率，即 $P=n^{-}/(n^{-}+n^{+})$。该模型更为突出负离子在空气中的作用，并且通过适当的数学处理将 FCI 值限制在较为集中的范围内，在一定程度上能够反映出森林中的负离子状况。

石强等（2004）通过分析国内 10 个森林旅游区空气离子测定数据，采用标准

对数正态变换法制定出当地森林空气离子分级标准（standard grades of forestry aeroion，SGFA）及评价指数分级标准。利用该标准对北京市门头沟小龙门森林公园和广州流溪河国家森林公园主要景区空气负离子状况进行了评价。

1.2.2　空气负离子浓度分布规律研究

英国、瑞典、日本等发达国家对空气负离子测定主要以人居环境为主。Hirsikko 等（2007）对芬兰赫尔辛基市夏季室内外大气离子和浮尘颗粒物状况的测定实验表明，室外大气离子浓度明显高于室内，而室外大气离子浓度及其分布状况主要与风向有关，室内大气离子浓度主要与通风状况有关，并认为颗粒物和浮尘的组成状况对室内外大气离子浓度的影响重大。

20 余年来，国内研究工作者在空气负离子的观测方面做了大量的工作，对影响空气负离子分布的因素进行研究。叶彩华等（2000）研究了空气中负离子浓度与气象条件关系，将空气中负离子浓度逐日观测资料与对应的气象要素进行逐步回归分析，发现空气中负离子浓度与太阳直接辐射日总量、日平均风速、日平均相对湿度显著相关。司婷婷等（2014）对吊罗山热带雨林空气负离子浓度及雨量、风速、气温、相对湿度等气象要素进行监测，探索不同天气状况下（尤其在降雨条件下）热带雨林空气负离子浓度与气象要素之间的关系。关蓓蓓等（2016）开展了单层结构人工林空气负离子实时监测及主要影响因子的研究，分析了林分空气负离子浓度与优势树种树高和环境相对湿度、温度、风速、光照度等因素的关系。曹建新等（2017）分析空气负离子浓度与气候要素、大气污染物的相关性。高郯等（2019）、韦朝领等（2006）研究了不同生态功能区空气负离子浓度分布特征及其与气象因子的关系。郭圣茂等（2006）在南昌市选择有典型特征的城市绿地，对其在不同环境状况下的空气正、负离子浓度进行监测，研究城市绿地对空气负离子的影响。李印颖等（2008）选择黄土高原常见造林树种，分别对不同林分及植被类型进行空气负离子水平研究，分析比较了不同林分、种植方式、季节变化、植被类型和坡位等因素对空气负离子浓度的影响。冯鹏飞等（2015）选取了北京市内几种常见的植被类型，以无植被覆盖的开阔地为参照对象，研究不同植被类型的空气负离子浓度差异，并分析了外部环境对空气负离子浓度的影响。

空气负离子浓度随地理环境因素（瀑布、山林、田野、海边、植物、风等）不同、季节不同、一天当中的具体时段不同而差别很大。但它不因地域变异，只要具有相似的地理环境因素，都呈现出规律性的分布：如群落结构复杂的地方比群落结构简单的地方负离子浓度高（阳柏苏等，2003）；空气负离子浓度随植被群落郁闭度的增加而增大；瀑布和流动的活水样点比静水的空气负离子浓度高（黄建武等，2002）；空气负离子浓度在近地气层有随高度增加而增大的趋势（Reiter，1985）；一年当中，森林空气中负离子浓度夏秋高于冬春，且夏季最高，冬季最低，在一天的时间段上会出现不同峰值（邵海荣等，2005；王洪俊，2004；吴际友等，2003）。吴楚材等（2001）从自然界和城市中 2000 多组数据分析中得出：城市空气中的负离子浓度一般为 0～200 个/cm^3，多数情况不足 100～200 个/cm^3，森林里一般为 600～3000 个/cm^3，空旷地为 200～600 个/cm^3，瀑布、溪流、滴水旁负离子浓度较高，通常情况下瀑布附近负离子浓度高达 40000～100000 个/cm^3。汪炎林等（2018）对红果树景区的天缘洞与水帘洞的负离子浓度及洞穴环境进行监测，并通过地理信息系统（geographical information system，GIS）工具及统计分析方法，对监测数据进行分析负离子与水环境及气流交换共同作用形成的不同洞穴环境之间的关系。

闫秀婧（2009）首次应用 3S［遥感（remote sensing，RS）、全球定位系统（global position system，GPS）、GIS］技术对青岛市森林与湿地负离子浓度时空分布进行了研究，使负离子由定性、定量进入空间可视化研究，并确立了负离子时空分布分析及监测系统的体系结构和功能，为负离子研究提供基础平台；还将反距离加权（inverse distance weighted，IDW）插值法和空间叠加分析法应用到负离子时空分布研究中，对负离子浓度和相关因子进行预测，划分出森林和湿地中负离子浓度等级分布图。Yan 等（2015）以天水市麦积城郊实测绿地负离子数据为基础，应用偏相关分析、空间变异分析、克里金插值、重分类、缓冲区分析等方法，对麦积城郊绿地负离子生态效应进行分析，分析了温度、NO_x浓度、SO_2浓度、大气悬浮物浓度和海拔等因素对负离子浓度的影响，并发现负离子具有显著的空间自相关性。张生瑞等（2016）对龙胜各族自治县空气负离子资源进行实地研究，测定不同季节、不同时刻、不同气象条件下县域内主要功能区的空气负离子浓度，通过反距离加权插值法模拟县域空气负离子资源的空间分布。

1.2.3 森林空气负离子开发利用研究

国外学者在森林空气负离子的产生、生物学效应、临床医疗作用、卫生保健作用及环境卫生效应等方面也作了大量研究（Daniell et al.，1991；Reiter，1985）。日本、德国等国家的林区，出现许多把“森林空气离子浴”同医疗科学结合起来的森林健康医院，日本充分发挥森林的多种功能，开展森林浴活动（吴楚材等，1998a）。

在自然或人工环境中空气负离子浓度的测定研究方面，国内以森林公园、风景区、瀑布旁、城市地区等小区域负离子分布研究居多，杨尚英（2005）、肖以华等（2004）、吴楚材等（1995）等分别对太白山森林公园、广州市帽峰山森林公园、湖南桃园洞国家森林公园等森林旅游区的空气负离子进行了研究，并为森林旅游区的合理规划提供了一些参考建议。湖南省张家界在金鞭溪推出了一条集健身、旅游观光于一体的天然氧吧健身游道；太白山国家森林公园采用加压喷头喷水，使游泳池内矿泉水雾化，提高空气负离子浓度，从而吸引了更多的游客，有效地促进了当地森林旅游业的快速发展。宗美娟等（2004）在山东蒙山等地，分析了不同地区和林地中负离子的分布特点，得出在大气污染日益加剧、大气质量尚未好转的情况下，到森林等负离子浓度高的地方旅游休闲有益于人们的健康。杨尚英（2005）对秦岭北坡森林公园空气负离子资源的开发利用进行了探讨性研究，并提出了相关开发原则。北京市林业局和北京林业大学、西山试验林场也从量化的角度研究了北京市森林对空气负离子浓度的影响，揭示了北京地区空气负离子浓度时空变化特征（邵海荣等，2005）。

综上所述，国外学者发现了空气负离子的存在，肯定了空气负离子的生物学意义，开创了大气正、负离子生物效应的研究，在临床医疗作用、卫生保健作用及环境卫生效应等方面也作了大量研究。发达国家对空气负离子测定主要以人居环境为主，还以城市工业区和居民生活区空气负离子为研究对象，建立了一系列空气负离子评价模型，目前国外侧重于负离子的形成机制及对生物体的影响等方面的研究。国内空气负离子研究起步较晚，研究侧重在人为干扰环境和自然环境中空气负离子浓度水平、空气负离子在医疗保健中的作用及其机理、空气负离子资源的开发利用等方面。国内在空气负离子浓度观测方面做了大量的工作，对不同功能区负离子状况进行了评价，并对影响负离子分布的因素进行初步分析。在自然或人工环境中空气负离子浓度的测定研究方面，国内以森林公园、风景区、瀑布旁、城市地区等小区域负离子分布研究居多，但空气负离子测试手段和测试数据稳定性的研究仍需继续探索。

本书充分借助定位监测、科学考察、遥感信息等多种信息来源，应用数据挖掘技术、3S 技术等手段，以生态学、地理学、环境科学等作为学科支撑，以空气负离子为研究对象，通过大量观测数据，明晰空气负离子与关键环境因子之间的关系，建立空气负离子反演模型，进一步揭示空气负离子时空动态变化规律。

第2章　研究区概况与基础数据

2.1　研究区概况

本书主要以黑龙江省为研究区。黑龙江省位于中国东北部，西起东经 121°11′，东至东经 135°05′，南起北纬 43°26′，北至北纬 53°33′，东西跨 14 个经度，南北跨 10 个纬度。北部、东部与俄罗斯隔江相望，西部与内蒙古自治区相邻，南部与吉林省毗邻。

黑龙江省气候为温带大陆性季风气候，冬季寒冷干燥，夏季温热湿润，春秋两季干燥凉爽。根据《2019 黑龙江统计年鉴》，全省面积约 45.25 万 km^2（未包含加格达奇、松岭区面积共计 1.82 万 km^2），其中耕地占 35.0%，林地占 48.2%，草地占 4.5%，园地占 0.1%，水域及水利设施用地占 4.8%。黑龙江省土地肥沃，土壤有机质含量丰富，被评为世界上著名的三大黑土带之一，黑龙江省 60%以上的耕地为黑土、黑钙土等，盛产小麦、大豆、水稻、玉米等粮食作物，工业门类以石油、木材、煤炭为主，是我国的大粮仓，也是我国的重工业基地。

黑龙江省地貌特征为“五山一水一草三分田”。地势大致是西北、北部和东南部高，东北、西南部低，主要由山地、台地、平原和水面构成。有黑龙江、松花江、乌苏里江、绥芬河等多条河流；有兴凯湖、镜泊湖、五大连池、莲花湖、连环湖、桃山湖等众多湖泊。黑龙江省位于东北亚区域腹地，是亚洲与太平洋地区陆路通往俄罗斯和欧洲大陆的重要通道，中国沿边开放的重要窗口。

本书针对不同研究内容，在黑龙江省选取了若干个典型研究区。

（1）漠河市。

漠河市位于黑龙江省西北部，大兴安岭山脉北麓，地处东经 121°12′至 127°00′，北纬 50°11′至 53°33′。漠河市西与内蒙古自治区额尔古纳市为邻，南与内蒙古自治区根河市和大兴安岭地区所属呼中区交界，东与塔河县接壤，北隔黑龙江与俄罗斯外贝加尔边疆区（原赤塔州）和阿穆尔州相望，边境线长 242km。

漠河市位于中国最北端毗邻俄罗斯西伯利亚地区，属于寒温带大陆性季风气候。漠河市年平均气温在-5.5℃，月平均气温在 0℃以下的月份长达 7 个月之久，气温年较差为 49.3℃。年平均无霜期为 86.2 天。年平均降水量为 460.8mm，全年降水量 70%以上集中在 7 月份，5～6 月份为旱季，7～8 月份为汛期。

（2）黑龙江省森林植物园。

黑龙江省森林植物园位于东经 126°38′北纬 45°43′，地处哈尔滨市香坊区，占地面积 1.36km^2。研究区属寒温带半湿润气候，由于受太平洋季风影响，夏季炎热多雨，受西伯利亚高气压影响，冬季严寒多雪，结冰期有 5 个月，最深冻土层 1.7m。年平均气温为 3.6℃，极端最高气温达 36.4℃，极端最低温度达-38.1℃。年平均降水量 560.9mm，相对湿度为 68%。

地形属于平原区略有起伏，地势西南高、东北低，海拔高度 136～155m。土壤结构为黑钙土，非常适宜植物生长，公园内森林植物覆盖率达到 90%，园内栽植有 1500 余种来自我国东北、华北、西北地区及部分国外地区的植物。

黑龙江省森林植物园作为闻名全国的国家级森林生态公园和普及森林植物教育的基地，其以独特的园林风景为游人提供了高品位的游览风光，是人们了解大自然、走进大森林、体验人与自然环境息息相关的场所。

（3）哈尔滨太阳岛风景名胜区。

哈尔滨太阳岛风景名胜区位于哈尔滨市区松花江段的北岸，是哈尔滨市区面积最大的一座综合性文化公园。

太阳岛风景名胜区以其独特的景点景观吸引着中外游人：长 1600m、宽 16m 的景观大道，两侧由 1400 株柳树和 20 余万株水腊与偃伏莱木构成了占地 60000m^2 的绿化带；占地 28000m^2 的花卉园是东北三省最具规模的花卉基地，共栽植 39 个品种，12 种色调的 20 余万株花卉；面积 10000m^2 的荷花湖；面积 58000m^2 的太阳湖有红头鹅、灰雁、野鸭等野生禽鸟；占地 3000m^2、高 30m 的太阳山。

（4）呼兰河口湿地、滨江湿地。

呼兰河口湿地自然保护区位于呼兰区南部、松花江北岸、呼兰河河口。湿地保护区沿松花江北岸自东向西呈带状延伸，保护区东西长 63.5km，南北宽 21.3km，周长 179.5km，总面积为 192.62km^2。呼兰河口湿地有高等植物 67 科 227 属 465 种，其中蕨类植物 2 科 2 种，种子植物 463 种。有脊椎动物 6 纲 36 目 77 科 193 属 348 种，包括鱼类、两栖类、爬行类、鸟类、兽类。其中被列为国家一级重点保护种类的有 3 种，如东方白鹳、丹顶鹤等；国家二级重点保护的有 27 种，如大天鹅、白枕鹤、鸳鸯等；还有雪鹗、狼、黄鼬、针尾鸭、花脸鸭、白眉鸭等列入《濒危野生动植物种国际贸易公约》（Convention on International Trade in Endangered Species of Wild Fauna and Flora，CITES）附录的物种，以及白琵鹭等 48 种濒危物种。

哈尔滨滨江湿地公园坐落在道外区民主乡和巨源镇，也称为民主-巨源湿地。它位于松花江下游近郊段，超过 100km^2 的沿江水上生态湿地保护区。当松花江的水位升至 116m 时，这里的湖面更加宽广，形成江湖相连的城市最大的湿地自然风景区。

2.2　空气负离子数据获取

2.2.1　采样点选取

2012～2016 年，根据研究进展先后选取了 1 个主要原始森林样区（漠河县全境），3 个主要城市公园样区（黑龙江省森林植物园、哈尔滨太阳岛风景区、呼兰河口湿地和哈尔滨滨江湿地公园），以及全省 13 个地区中耕地、水域、林地类型共 219 个样点（图 2-1）。各样点依照较为均匀的空间分布进行选定。

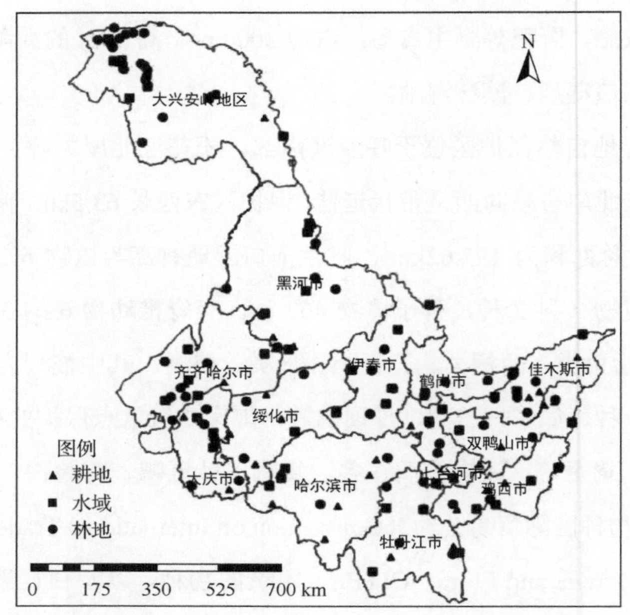

图 2-1 黑龙江省空气负离子监测点分布图

2.2.2 实地测量方法

本书使用日本产 COM3200PRO 空气负离子检测仪，在不同研究阶段的各个研究区进行野外空气正负数据监测，并采得空气离子、温湿度数据。该检测仪采用日本工业标准（Japanese Industrial Standards）空气中离子密度测定方法中最准确的同轴二重圆筒式构造，最高分解力为 10 个/cm^3。

由于不同构造的负离子检测仪器之间获取空气负离子数据存在较大差异，所以本书中的空气负离子数据只体现在负离子的趋势变化以及与各因素关系研究方面，不用作比较各地空气负离子浓度的差异。

测量时，根据受众人群 1.668m 的平均身高以及测量对象的相对地面高度，分别将仪器架设在非水体环境样地内距离样地边缘至少 10m，相对地面 1.5～1.7m 高度处（水体环境则为相对水面最短距离 0.1～0.5m，水体环境的边缘和水体环境内部均匀分布的多处），测量中将仪器与笔记本电脑连接，进风口分别朝向迎风向和背风向，在示数稳定后，分别持续记录各 10min 的空气负离子浓度数据。测量中，测量人员与仪器保持 3m 以上距离。

在气象稳定、天气晴好的状态下，测量人员分别对草地、林地、水域、耕地等不同土地类型的空气正、负离子浓度，温湿度，风力风向和光照强度等进行观测，主要观测时间为每日 8 时～16 时，对测量样点的其他环境特征进行目视记录，并综合整理保存。

野外采样主要分为以下三个阶段。

2012 年和 2013 年夏秋两季，依托漠河森林生态系统定位研究站，在不同环境条件下对漠河县样区空气正、负离子浓度进行长期定位观测，包括每天不同观测时间、不同观测季节，以及林分因子、气象因子、海拔高度等因子。

2014 年和 2015 年 5～10 月，为深入研究空气负离子浓度及其自然环境影响因素，以黑龙江省森林植物园、哈尔滨太阳岛风景区和哈尔滨滨江湿地公园等城市公园为研究对象进行观测。

2016 年夏季对全省 13 个地区包括林地、耕地、居民地、草地、水域、空地等土地类型的 331 个具有代表意义的样点进行测量。

第3章 城市公园森林空气负离子浓度变化特征

本章以哈尔滨市为研究区域，对其典型的城市公园——黑龙江省森林植物园进行空气负离子监测。对研究区 SPOT5 遥感影像进行目视解译，运用遥感分类技术对研究区内绿地进行分类和提取，运用 GIS 空间分析技术，研究区域内空气负离子分布特征和空间格局。运用统计分析方法对实地所得数据进行对比、分析，研究空气负离子的分布变化规律及其影响因素。根据遥感影像的解译结果与研究区实地测量获得的数据，通过空间插值得到研究区空气负离子浓度分布图。综合评价分析研究区的空气质量，可以科学、有效、合理地指导城市规划、公共绿地建设布局及城市居民的户外游憩，对现有的人工城市绿地进行优化，提高大气中的负离子浓度，努力改善空气质量，为人们提供优质的生活环境。

3.1 研究技术路线

本章研究方法及手段主要包括野外实地测量采样、统计分析、遥感技术、GIS 技术，作者运用理论与实际相结合的方法得出结论。具体做法：①选取采样区、采样点进行空气负离子监测；②利用 SPSS 17.0 和 ArcGIS 10.2 进行数据处理、分析。技术路线见图 3-1。

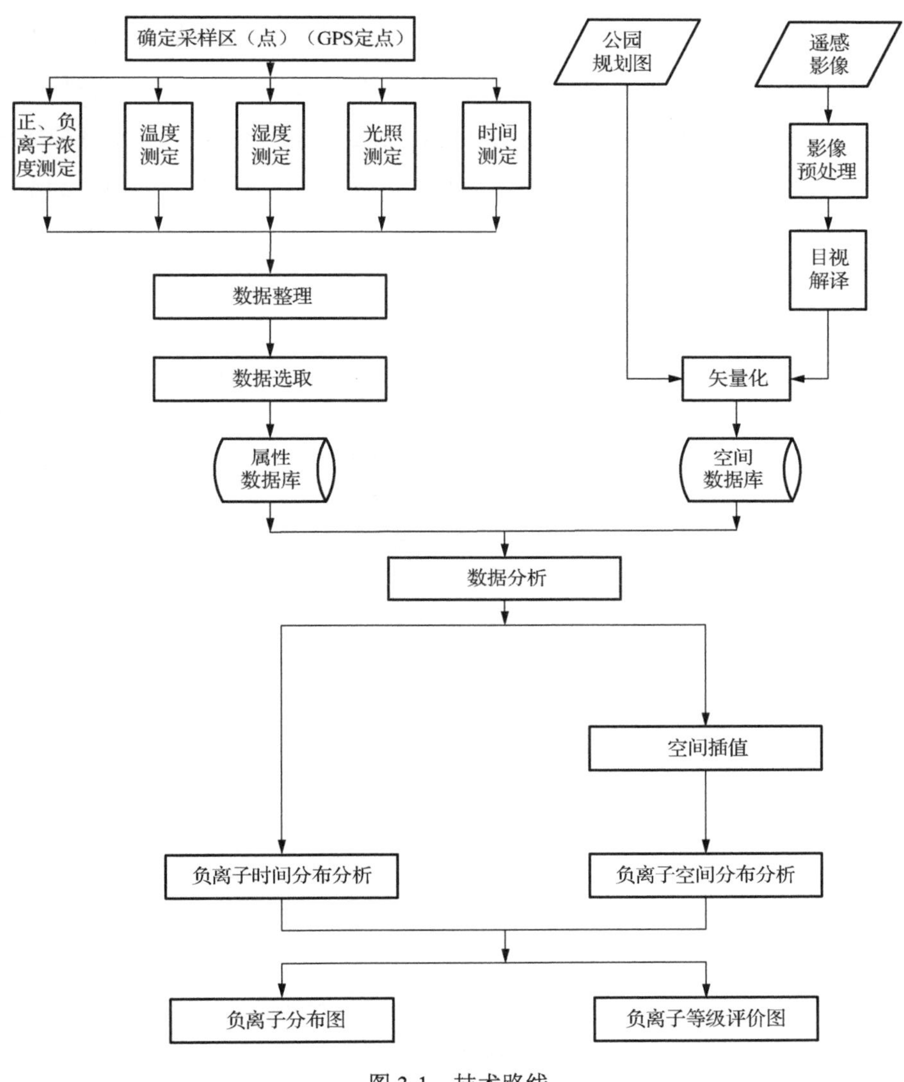

图 3-1　技术路线

3.2　空气负离子数据获取及评价方法

3.2.1　样地选取

在全面实地踏勘黑龙江省森林植物园资源状况与环境条件的基础上，依据海拔相近、植被类型均一、样点均匀分布等原则，科学地设置能基本覆盖植物园全境、能够代表黑龙江省森林植物园环境状况的 13 处样地，作为本章的环境监测样地。在黑龙江省森林植物园外选取广场、居住区、交通干道等典型城市生活区样地作为实验对照样地，取样同时兼顾均匀布点的原则。研究区采样点分布如图 3-2 所示。

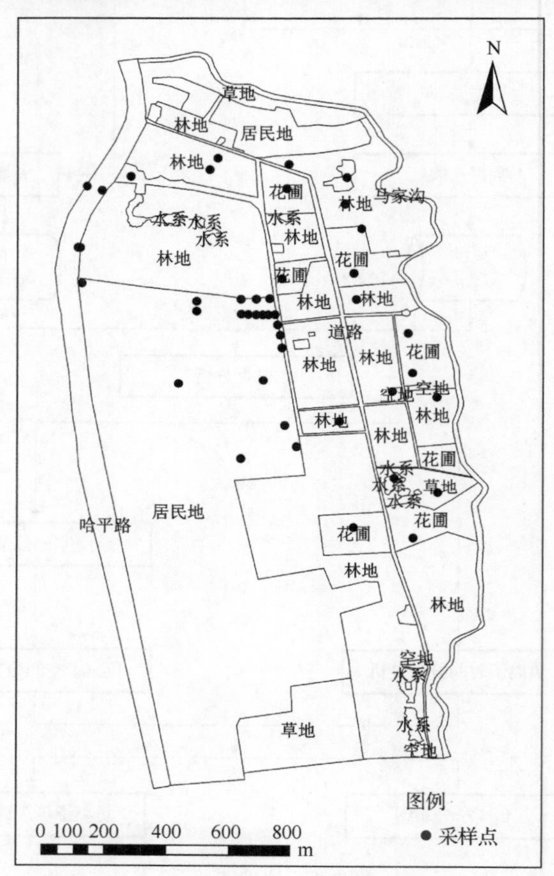

图 3-2　采样点分布示意图

3.2.2　实地测量方法

观测时间为 2014 年 5～10 月、2015 年 5～10 月，选择晴朗无风或微风天气，对黑龙江省森林植物园内及园外不同时间和不同功能区的空气负离子浓度进行监测。空气正、负离子测量时，使用仪器三脚架将空气负离子检测仪固定，用笔记本电脑与空气负离子检测仪连接，记录电子数据，为了降低风速的影响，选择东、南、西、北四个方向取平均值，每 3s 记一次数据，每个样点监测 15min，每次监测时间为 8:30～16:30，园内各功能区设置 1～2 个监测点，共计 22 个监测点，园外居民区 22 个监测点。

在居民区内设置 3 个等距空气负离子监测测量区及其他 12 个监测点。3 个等距测量区：第一个测量区以 10m 为等距设置 6 个点，即在 0m、10m、20m、30m、40m、50m 处设置监测点；第二个测量区以 20m 为等距设置 3 个点，即 0m、20m、40m；第三个测量区以 10m 为等距设置 3 个监测点，即 0m、10m、20m。

3.2.3　内业数据源获取与处理

作者采用黑龙江省森林植物园 1：2000 比例尺的 CAD 格式规划图和 2013 年 8 月 SPOT5 遥感影像，应用 ArcGIS 10.2 将 CAD 格式文件转换为 Shapefile 文件来获取相关数据。

由于原始遥感数据存在各种干扰因素，为了降低这些干扰的影响获取精确的地物信息，必须对遥感数据进行预处理。在预处理中首先进行降噪处理，减弱因传感器的因素出现的周期性噪声。其次进行薄云处理，减弱因天气原因出现在遥感图像中的薄云。再次进行阴影处理，消除由于太阳高度角原因出现的阴影。接下来进行几何纠正，通常由于遥感器、遥感平台和地球自转等方面的因素，遥感图像会产生几何畸变，为使其定位准确，在使用图像前必须进行几何精纠正。应用 ArcGIS 软件中的配准工具进行图像配准，再根据外业全球定位系统测量的采样点进行纠正。由于收集的遥感影像范围大，而研究区域属于小尺度范围，我们需要进行图像的裁剪，将遥感影像裁剪成研究范围大小。由于研究区地物特征明显，人工目视解译即可。最后进行遥感影像矢量化。

3.2.4　评价方法

世界卫生组织规定，清新空气的负离子的标准浓度为 1000～1500 个/cm^3（刁勤兰等，2011）。目前，空气负离子的评价标准主要有单极系数、重离子与轻离子比、空气离子相对密度、安倍空气负离子评价指数、空气负离子系数和森林空气离子评价模型等。本章采用单极系数、安倍空气负离子评价指数模型对空气质量进行评价，模型的详细介绍见 1.2.1。

3.3 空气正、负离子时间分布分析

3.3.1 空气正、负离子浓度日变化分布

本章对黑龙江省森林植物园 2014 年 5～10 月和 2015 年 5～10 月监测时段内，22 个监测点的空气离子监测数据按各观测时间进行统计，取平均值，得到观测期内空气正、负离子浓度日平均数据，并依据公式计算相应单极系数、安倍空气负离子评价指数，对研究区空气质量进行了分级，如表 3-1 所示。

表 3-1 空气正、负离子浓度及评价指数的日变化数据

观测时间	空气负离子浓度/（个/cm^3）	空气正离子浓度/（个/cm^3）	单极系数	空气负离子评价指数	空气清洁度
08:30	654	332	0.508	1.288	A
09:00	776	394	0.508	1.528	A
09:30	934	412	0.441	2.117	A
10:00	871	390	0.448	1.945	A
10:30	798	356	0.446	1.789	A
11:00	611	310	0.507	1.204	A
11:30	558	413	0.740	0.754	B
12:00	535	394	0.736	0.726	B
12:30	394	256	0.650	0.606	C
13:00	376	241	0.641	0.587	C
13:30	381	250	0.656	0.581	C
14:00	355	230	0.648	0.548	C
14:30	322	216	0.671	0.480	D
15:00	286	195	0.682	0.419	D
15:30	278	105	0.378	0.736	B
16:00	355	220	0.620	0.573	C
16:30	412	297	0.721	0.572	C

从表 3-1 可以看出，上午 11:00 之前空气质量最佳，为 A 级，11:30～12:00 空气质量为 B 级，12:30～14:00 为 C 级，14:30～15:00 下降为 D 级。由此可见 15:00 前空气质量日变化总体呈下降趋势。

根据表 3-1 中数据，绘制空气正、负离子浓度的日变化图，如图 3-3 所示。在观测时间 9:30 附近空气负离子浓度达到峰值，15:30 达到谷值，从变化幅度上看，空气负离子从 8:30 开始上升，到 9:30 后开始大幅度下降，从 12:30 开始下降幅度减小，15:30 以后略有上升。空气正离子浓度在 9:30 和 11:30 均达到峰值，15:30 达到谷值，波峰波谷交替出现，空气正离子浓度整体变化幅度不大。这一结论与已有的空气负离子日变化研究结果基本一致，即空气负离子日变化的峰值出现在上午，随后开始下降，最低值出现在下午，随后又逐步升高。

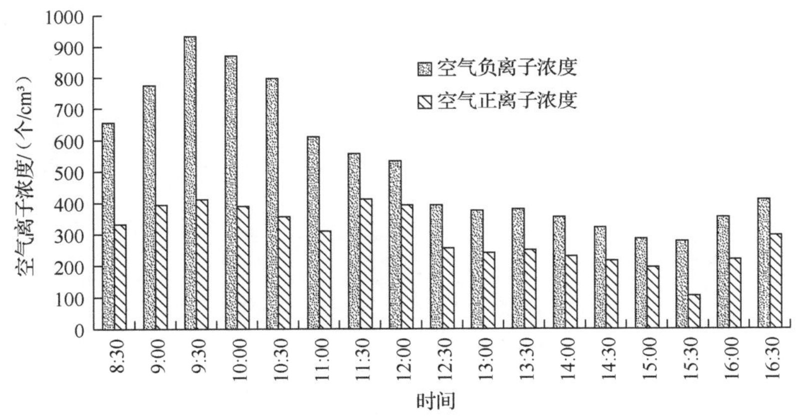

图 3-3　空气正、负离子浓度日变化

为了进一步研究空气负离子浓度日变化规律，根据表 3-1 中数据绘制空气负离子浓度与单极系数的日变化曲线，如图 3-4 所示。空气负离子浓度与空气负离子评价指数的日变化曲线，如图 3-5 所示。

通过图 3-4 可知，空气负离子浓度与单极系数的日变化大致呈负相关关系，当空气负离子浓度升高时，单极系数下降，当空气负离子浓度下降时，单极系数上升，只有在 15:30 之后，两者均呈上升趋势。

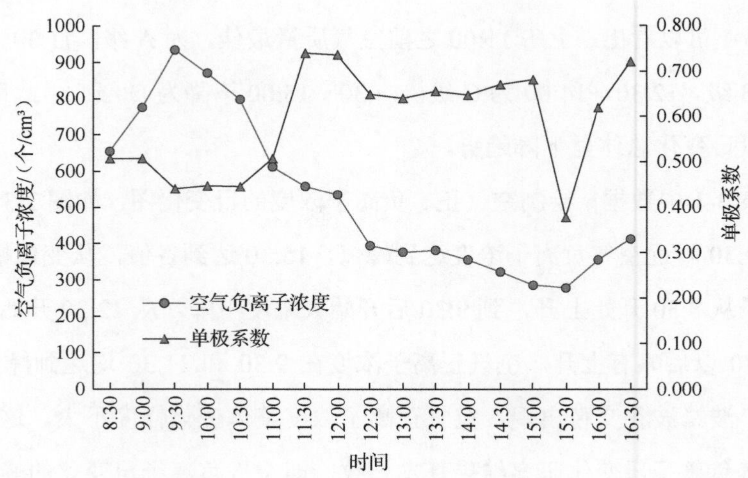

图 3-4 空气负离子浓度与单极系数的日变化曲线图

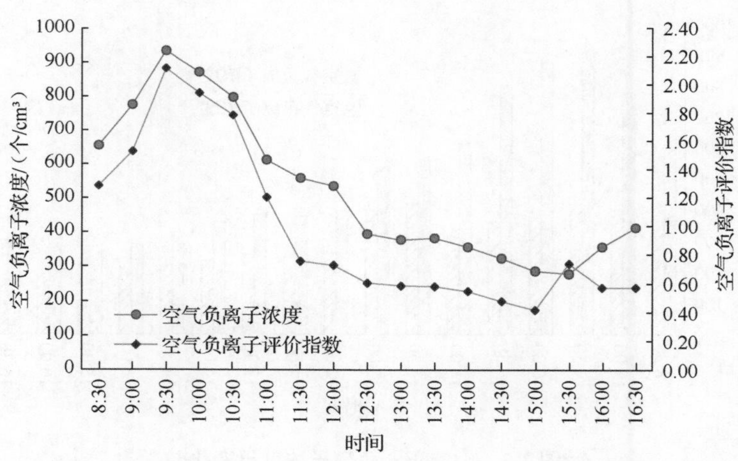

图 3-5 空气负离子浓度与空气负离子评价指数的日变化曲线图

通过图 3-5 可知，空气负离子浓度与空气负离子评价指数的日变化有着较为一致的规律，上午 9:30 两值均达到最高，之后逐渐下降，只有在 15:00～15:30 空气负离子评价指数出现升高趋势，而空气负离子浓度仍然降低至最低值，15:30～16:30 空气负离子评价指数下降，空气负离子浓度上升。这说明空气质量上午最好，之后逐渐下降。

3.3.2　空气正、负离子浓度月变化分布

受北方寒冷天气制约，每年的 11 月至次年 4 月均为黑龙江省森林植物园闭园时间，无法进行监测，因此本章将选取黑龙江省森林植物园 2014 年 5～10 月和 2015 年 5～10 月的监测数据取平均值，得出各月份空气正、负离子浓度，研究空气正、负离子浓度月变化规律，监测数据见表 3-2。

表 3-2　空气正、负离子浓度及评价指数的月变化

月份	空气负离子浓度/（个/cm³）	空气正离子浓度/（个/cm³）	单极系数	空气负离子评价指数	空气清洁度
5 月	807	445	0.551	1.463	A
6 月	805	451	0.560	1.437	A
7 月	832	412	0.495	1.680	A
8 月	1049	569	0.542	1.934	A
9 月	732	413	0.564	1.297	A
10 月	463	258	0.557	0.831	B

为了进一步研究空气正、负离子浓度月变化规律，根据表 3-2 中数据，绘制空气正、负离子浓度的月变化曲线图，如图 3-6 所示。

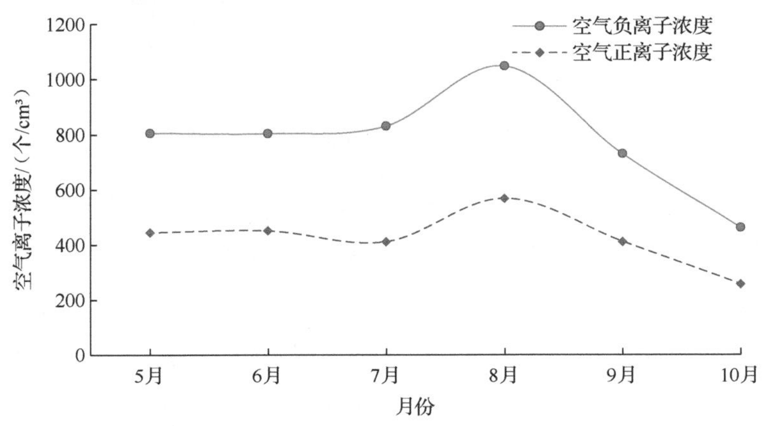

图 3-6　空气正、负离子浓度的月变化曲线图

由图 3-6 可以看出，空气正、负离子浓度月变化基本一致，空气负离子浓度总

体高于空气正离子浓度，8 月份空气正、负离子浓度均达到峰值，10 月份空气正、负离子浓度最低。5～6 月，空气正、负离子浓度变化较小；6～7 月，空气负离子浓度少量上升，空气正离子浓度略有下降；7～8 月，空气正、负离子浓度均显著升高，达到最高值；8～10 月，空气正、负离子浓度大幅度下降，空气负离子浓度从 1049 个/cm³ 下降至 463 个/cm³，空气正离子浓度从 569 个/cm³ 下降至 258 个/cm³。因此可见，空气正、负离子浓度的峰值出现在气温最高的 8 月份，其月变化趋势随着气温的升高而逐渐升高，随着温度的下降而逐渐下降。因此，也可以判断空气正、负离子浓度的月变化规律与空气温度变化也基本趋于一致。

将黑龙江省森林植物园 2014 年 5～10 月和 2015 年的 5～10 月的空气负离子浓度与空气负离子评价指数作对比分析，如图 3-7 所示。

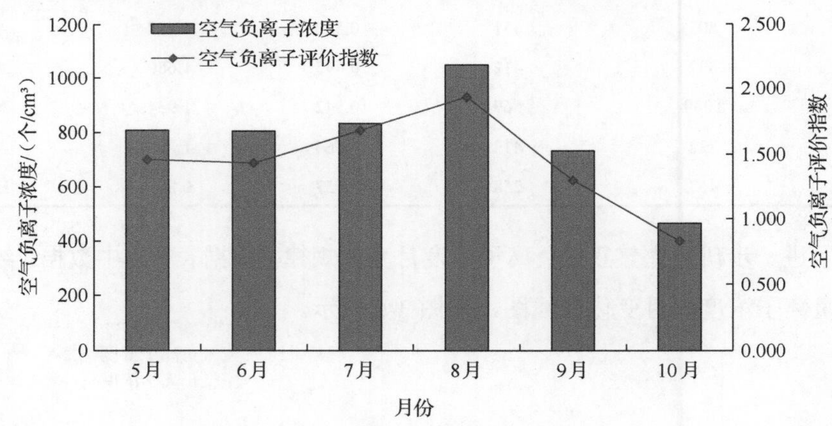

图 3-7　空气负离子浓度与空气负离子评价指数月变化图

从图 3-7 可以看出，空气负离子浓度与空气负离子评价指数的月变化有着较为一致的规律，两者峰值均出现在 8 月，10 月最低，5～6 月下降，6～8 月上升，8～10 月下降。空气负离子评价指数月变化与空气负离子浓度的逐月变化趋势基本一致，空气负离子浓度对空气负离子评价指数影响较大，是空气质量评价的重要指标。5～9 月空气清洁度都处于 A 级，10 月份随着气温下降，空气负离子浓度下降，空气清洁度为 B 级，可以说明 5～10 月黑龙江省森林植物园空气质量整体良好。

3.3.3　空气正、负离子浓度季节变化分布

受北方天气制约，数据搜集有限，仅对春夏秋三季进行研究，5、6 月为春季，7、8 月为夏季，9、10 月为秋季。将黑龙江省森林植物园 2015 年 5～10 月，共 22 个空气负离子监测点监测数据按月统计，得到各季节的空气正、负离子平均浓度，计算相应单极系数、空气负离子评价指数，如表 3-3 所示。空气正、负离子浓度的季节变化如图 3-8 所示。

表 3-3　空气正、负离子浓度及评价指数的季节变化

季节	空气负离子浓度/（个/cm^3）	空气正离子浓度/（个/cm^3）	单极系数	空气负离子评价指数	空气清洁度
春季	806.0	448.0	0.556	1.450	A
夏季	940.5	490.5	0.522	1.803	A
秋季	597.5	335.5	0.562	1.064	A

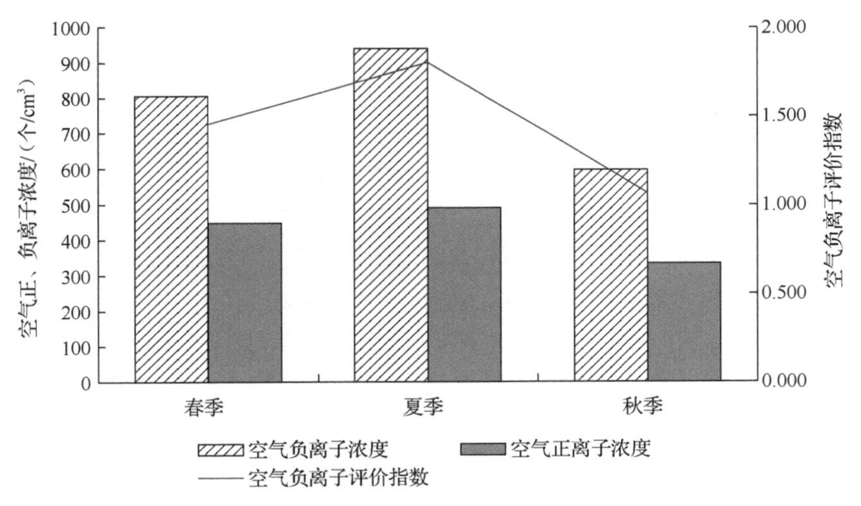

图 3-8　空气正、负离子浓度的季节变化

图 3-8 明显表征各季节空气正、负离子浓度状况各异。空气负离子浓度变化幅度大于空气正离子浓度；在各季节中，空气负离子浓度由高到低排列：夏季＞春季＞秋季；空气正离子浓度由高到低排列：夏季＞春季＞秋季。在黑龙江省森林植物园内，夏季植物因太阳日照时间长、紫外线强等因素，光合作用旺盛，其生长

茂盛，降水量丰富，空气湿度较大，为空气负离子的产生提供了极为有利的条件，因此空气负离子浓度明显高于其他季节，空气清洁度为A级。秋季植物枯萎，植被稀疏，降水量较少，因此空气负离子浓度较低。空气负离子浓度每个季节均大于空气正离子浓度，说明黑龙江省森林植物园内植被覆盖率较高，空气清洁度好。

在各季节中，空气负离子评价指数值：夏季＞春季＞秋季，值均大于1，说明在负离子监测月份内，黑龙江省森林植物园空气质量良好，适宜人们旅游、度假、休憩，其中夏季最佳。

3.4 空气负离子空间分析

3.4.1 空气负离子空间分布

1. 园内功能区空气负离子空间分布分析

黑龙江省森林植物园园内各功能区规划整齐，功能区内植物种类典型分布，功能区环境概况如表3-4所示。

表3-4 植物园功能区环境概况

功能区编号	功能区名称	环境概况
A	正门广场	植物园入口，临近哈平路，游客及停靠车辆集中
B	春园	柳树、杨树和榆树混合，有人工湖
C	白桦林	以白桦树为主
D	游乐园	娱乐设施，游客集中，硬质地面
E	郁金香园	占地面积 0.04km^2，以草本植物为主，混合针叶乔木
F	百花园	占地面积约 0.02km^2，以小灌木为主，混合草地
G	观果园	占地面积 0.02km^2，各类观果植物，以乔木为主
H	十二生肖园	十二生肖雕像，游客休憩区，硬质地面
I	湿地园	占地面积 0.028km^2
J	荷花池	占地面积 0.01km^2
K	丁香园	占地面积 0.015km^2，以灌木、小乔木为主
L	牡丹芍药园	占地面积 0.022km^2，以小灌木为主
M	秋景园	占地面积 0.02km^2，乔木、灌木混合

续表

功能区编号	功能区名称	环境概况
N	月季园	占地面积 5800m^2，以小灌木为主
O	药物园	占地面积 0.04km^2，以草本植物为主，混有乔木和灌木
P	标本园	占地面积 0.04km^2，以木本植物为主，乔木与灌草相结合

选取 2014 年 5～10 月与 2015 年 5～10 月各功能区空气负离子浓度数据，求取平均值，得到植物园各功能区空气负离子浓度分布图，如图 3-9 所示。

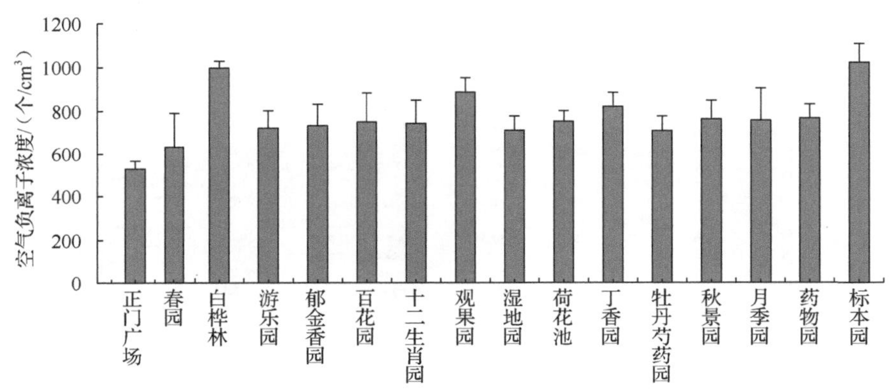

图 3-9　植物园各功能区空气负离子浓度分布

为了研究植物园功能区空气负离子空间分布特征，应用 ArcGIS 10.2 软件中 Spatial Analyst 工具中的插值分析工具进行空间分析。试用克里金（Kriging）插值法和反距离加权插值法两种插值方法进行功能区空气负离子浓度分布研究。

由于克里金插值属于非精确性插值，反距离加权插值属于精确性插值，对于本分析选取哪种插值方法进行研究效果更好，我们进行了克里金插值和反距离加权插值预测误差分析。

反距离加权插值预测误差：在 ArcGIS 10.2 软件中使用 Geostatistical Analyst（地学统计分析）工具，使用 Geostatistical wizard（地统计向导）选择 IDW 插值法，其他参数选择默认，进行交叉验证（Cross Validation），在窗口显示 Prediction Errors（预测误差），其中包括 Samples（样本数），Mean Error（平均误差），Root-Mean-Square Error（均方根误差），如图 3-10 所示。

克里金插值预测误差：在 ArcGIS 10.2 软件中使用 Geostatistical Analyst 工具，使用 Geostatistical wizard 选取克里金插值法，其他参数选择默认，向导到第五步 Cross Validation 窗口显示 Prediction Errors，其中包括 Samples，Mean，Root-Mean-Squre，Mean Standardized（标准平均值），Root-Mean-Square Standardized Error（标准均方根误差），Average Standard Error（平均标准误差）等，如图 3-11 所示。

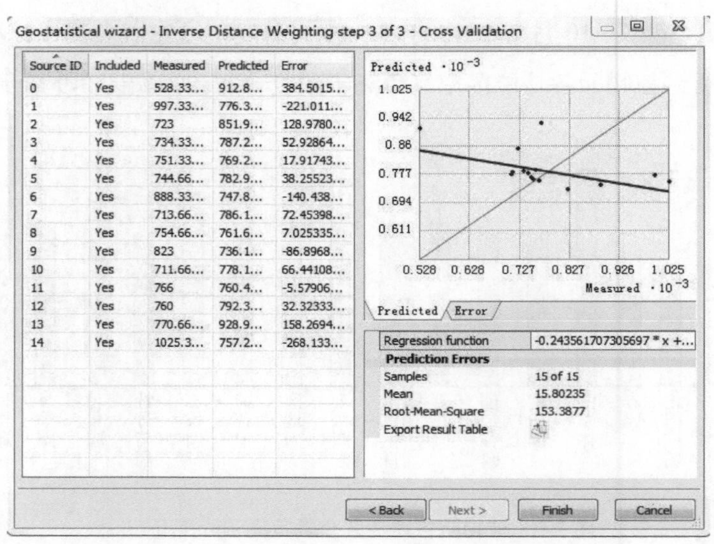

图 3-10　反距离加权插值预测误差分析图

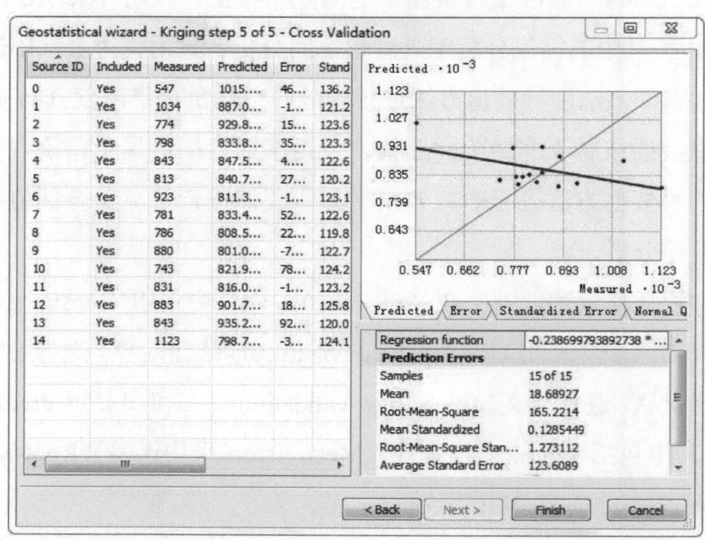

图 3-11　克里金插值预测误差分析图

最优精度模型标准包括平均误差（mean error，ME）、标准化平均误差（mean standardized error，MSE）、平均标准误差（average standard error，ASE）、均方根误差（root-mean-squre error，RMSE）、标准均方根误差（root-mean-square standardized error，RMSSE）。ME 的绝对值最接近于 0，RMSE 最小，ASE 最接近于 RMSE， RMSSE 最接近于 1。

为了更好地选择黑龙江省森林植物园各功能区空气负离子浓度空间分析插值方法，使用地统计向导对功能区空气负离子浓度数据依次使用反距离加权插值法和克里金插值法进行插值，预测误差结果见表 3-5。

表 3-5　空气负离子不同方法预测误差比较

时间	Mean /（个/cm³）	Std.	克里金插值法					反距离加权插值法	
			ME	RMSE	MSE	RMSSE	ASE	ME	RMSE
7 月	779.490	120.160	18.689	165.221	0.129	1.273	123.609	15.502	153.388

表 3-5 预测误差比较中，Mean 为平均值，Std.为标准差（Standard Deviation）。在预测误差比较中，可以看出反距离加权插值法平均误差比克里金插值法平均误差绝对值小，反距离加权插值法的均方根误差也小于克里金插值法均方根误差，因此确定反距离加权插值法效果更好。运用反距离加权插值得到黑龙江省森林植物园各功能区空气负离子浓度分布如图 3-12 所示。

由图 3-12 功能区空气负离子浓度分布图可以直观地看出黑龙江省森林植物园园内白桦林、标本园和观果园空气负离子浓度较高，植物园正门门口广场空气负离子浓度最低，其次是游乐园、十二生肖园、郁金香园、牡丹芍药园及湿地园等。人类活动密集的正门、牡丹芍药园和郁金香园处空气负离子浓度与人类活动强度成反比。湿地园为人工湿地，芦苇、香蒲等湿地植物过于密集，阻碍了小区域空气流通。

根据植物园内功能区的植物种类特征可以得出不同特征植物种类空气负离子浓度从高到低排列为：乔灌木结构＞乔草结构＞灌草结构＞灌木丛＞草地＞空地。

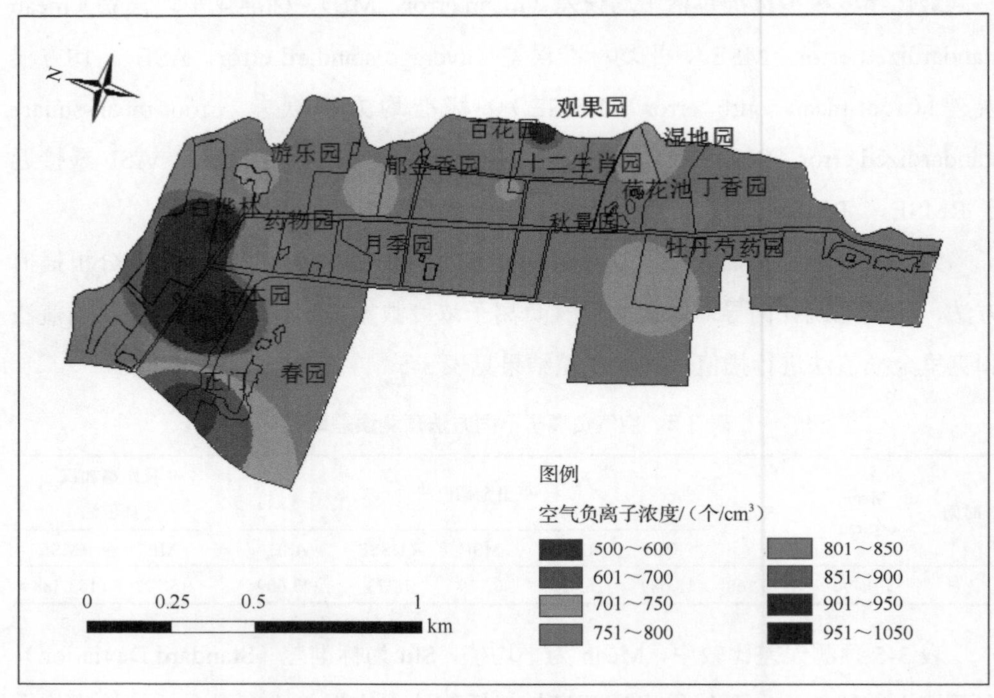

图 3-12 功能区空气负离子浓度分布图（见书后彩图）

2. 植物园及周边居民区空气负离子插值分析

为了更好地研究城市公园森林空气负离子空间分布特征，选取气候适宜的 2014 年 7～9 月与 2015 年 7～9 月黑龙江省森林植物园及周边居民区的空气负离子浓度数据，求取两年各月平均值，应用 ArcGIS 10.2 软件中 Spatial Analyst 工具中的插值分析工具进行空间分析。为了确定克里金插值法和反距离加权插值法两种插值方法中哪种插值方法对本分析研究效果更好，我们进行了克里金插值和反距离加权插值预测误差分析比较，预测误差分析结果见表 3-6。同时运用两种插值方法对黑龙江省森林植物园及周边居民区的空气负离子进行了空间插值，以便效果对比。反距离加权插值分布如图 3-13 所示，克里金插值分布如图 3-14 所示。

表 3-6　7～9 月空气负离子不同方法预测误差比较

时间	Mean /（个/cm^3）	Std.	克里金插值法					反距离加权插值法	
			ME	RMSE	MSE	RMSS	ASE	ME	RMSE
7 月	730.620	157.410	−8.407	116.871	−0.041	0.695	177.439	4.512	114.813
8 月	766.620	239.090	−11.320	174.825	−0.027	0.577	366.743	-0.950	170.680
9 月	636.020	167.390	−5.346	120.867	−0.027	0.655	194.627	3.167	113.443

从表 3-6 预测误差比较中可以看出，反距离加权插值法平均误差绝对值比克里金插值法平均误差绝对值小，更接近于 0。根据前面的插值最优精度模型标准应该选取反距离加权插值法，但反距离加权插值法易受极值影响，在插值结果中易出现孤立的点数据，从图 3-13 中就可以看出。而克里金插值法适用于点数据不多，能够考虑观测点与预测点的位置关系、各观测点的相对位置关系，从图 3-14 中可以看出其插值效果比反距离加权插值要好。在黑龙江省森林植物园及周边居民区的空气负离子浓度空间分布分析上克里金插值分布图更能反映其空间分布特征。因此，本节空间分布分析研究选择使用克里金插值法。

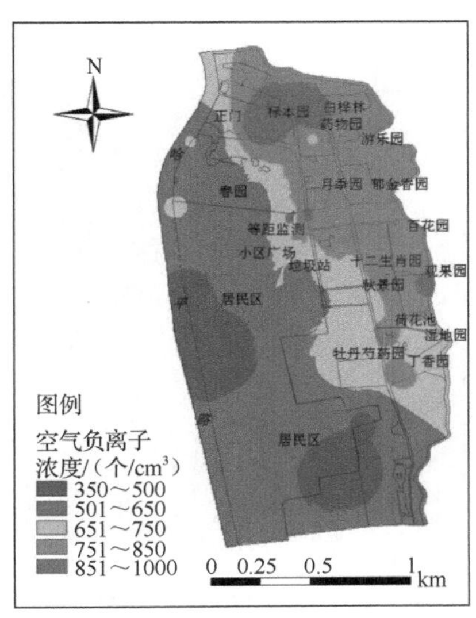

（a）7月份空气负离子插值

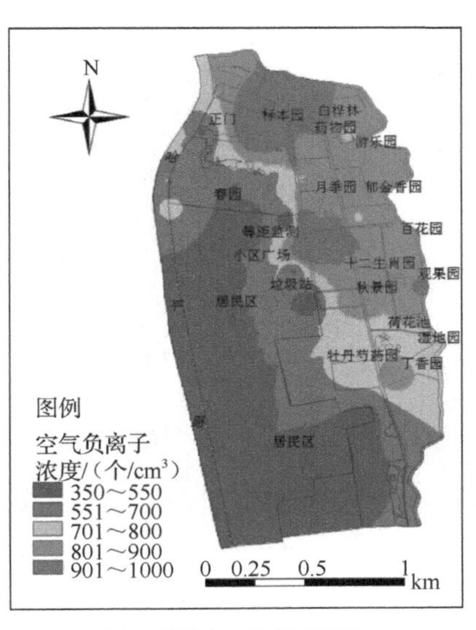

（b）8月份空气负离子插值

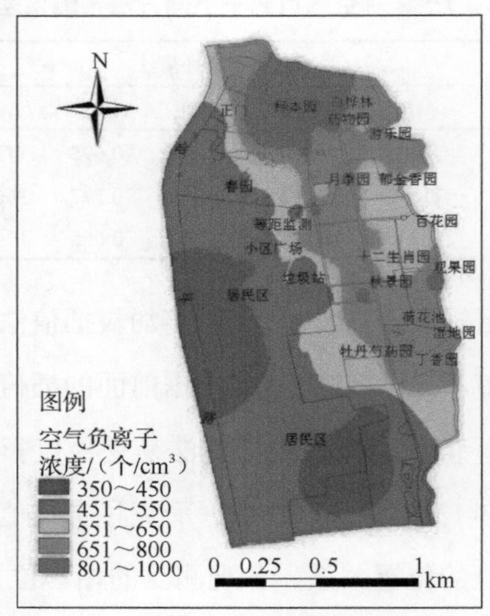

（c）9月份空气负离子插值

图 3-13　反距离加权插值分布图（见书后彩图）

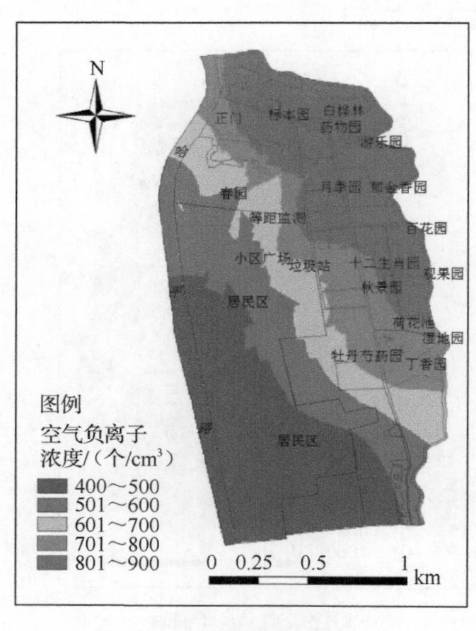

（a）7月份空气负离子插值

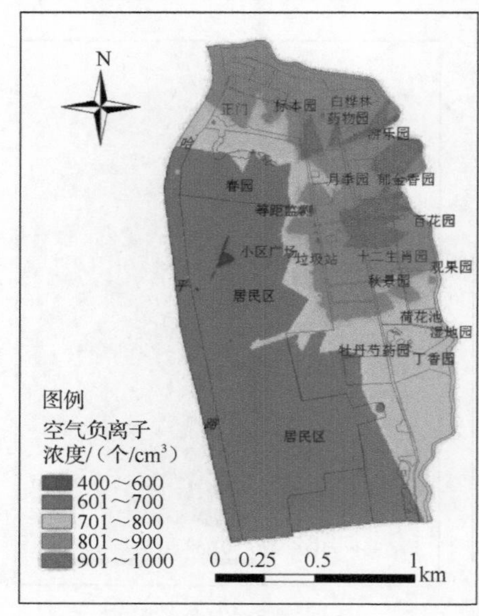

（b）8月份空气负离子插值

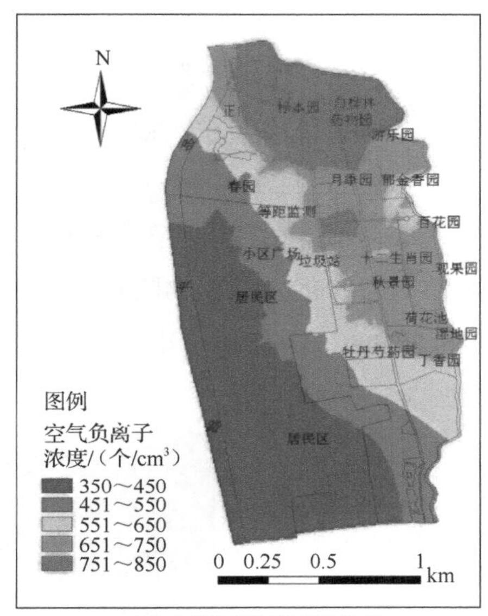

（c）9月份空气负离子插值

图 3-14　克里金插值分布图（见书后彩图）

由图 3-14 可以看出，植物园及周边居民区的空气负离子在 7、8、9 月份的分布情况：图 3-14（a）中 7 月份植物园内空气负离子浓度整体比附近居民区空气负离子浓度高，距离植物园越近空气负离子浓度越高，反之越低，分布层次明显；图 3-14（b）中 8 月份植物园内空气负离子浓度偏高，居民区空气负离子浓度分布集中，有个别区域空气负离子浓度偏低，如植被覆盖极低的小区广场附近；图 3-14（c）中 9 月份植物园与居民区空气负离子浓度分布层次明显。对比 7、8、9 月份植物园及周边居民区空气负离子分布可以看出，随着植物园空气负离子浓度的提升，居民区的空气负离子浓度也有提升；植物园空气负离子浓度降低，居民区空气负离子浓度也降低。越是临近植物园的居民区部分，其空气负离子浓度越高，距离植物园比较远的区域相对稳定。因此可以得出植物园空气负离子对周围环境有一定的影响作用，越是邻近植物园所受影响越大。

3.4.2　空气负离子等距离分析

为了研究城市森林公园空气负离子等距离空间的分布规律，在居民区设置了三个等距监测区。第一等距监测区，自东向西，以植物园铁栅栏边界为0m原点，同时为居民区边缘绿化带，10～50m等距点设置在居民楼一侧的道路上，其中10m、20m、30m、40m的监测点一侧为居民楼，另一侧为小区绿化带，50m监测点位于小区道路交叉口。第二等距监测区，自东向西，以植物园铁栅栏边界为0m原点，同时为居民区边缘绿化带，20m、40m两点设置在居民楼一侧道路上，另一侧为小区绿化带。第三等距监测区，自北向南，以植物园砖墙边界为0m原点，无小区绿化带，临近一小区内垃圾桶，10m监测点位于小区道路交叉口，20m监测点位于小区园林绿化景观处，如图3-15所示。

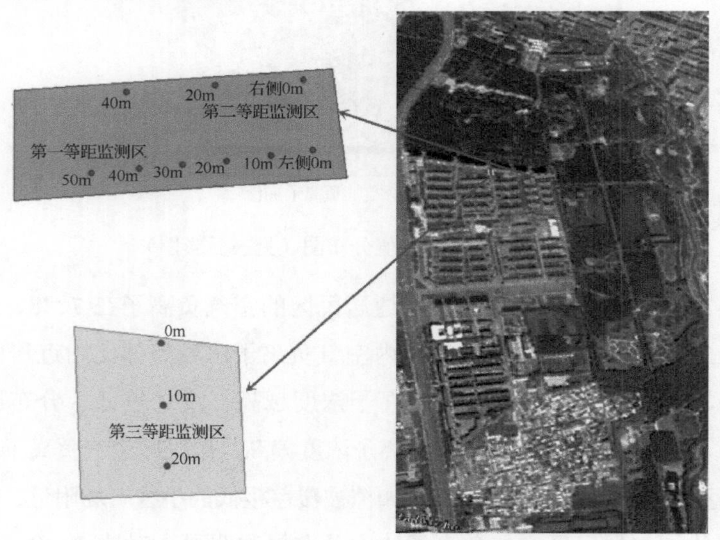

图3-15　监测区示意图

根据2014～2015年实地测量的监测数据，主要选取晴朗无风天气情况下的监测数据作为研究数据，采用反距离加权插值法进行空间插值分析，如图3-16所示。

由图3-16可以看出，在晴朗无风天气条件下，第一等距监测区由0m处至50m处，空气负离子浓度逐渐降低，表明植物园空气负离子在无风天气下对居民区有明显的影响，50m监测点无风条件下远比其他监测点的空气负离子浓度低，原因是其所处区域较为空旷，且空气负离子存活时间较短，而其他点虽处在小区道路上但由于邻近一侧是绿化带所以比50m处的空气负离子浓度高。第二等距监测区0m处至40m，空气负离子浓度随距离增大而逐渐降低。第三等距监测区，0m监

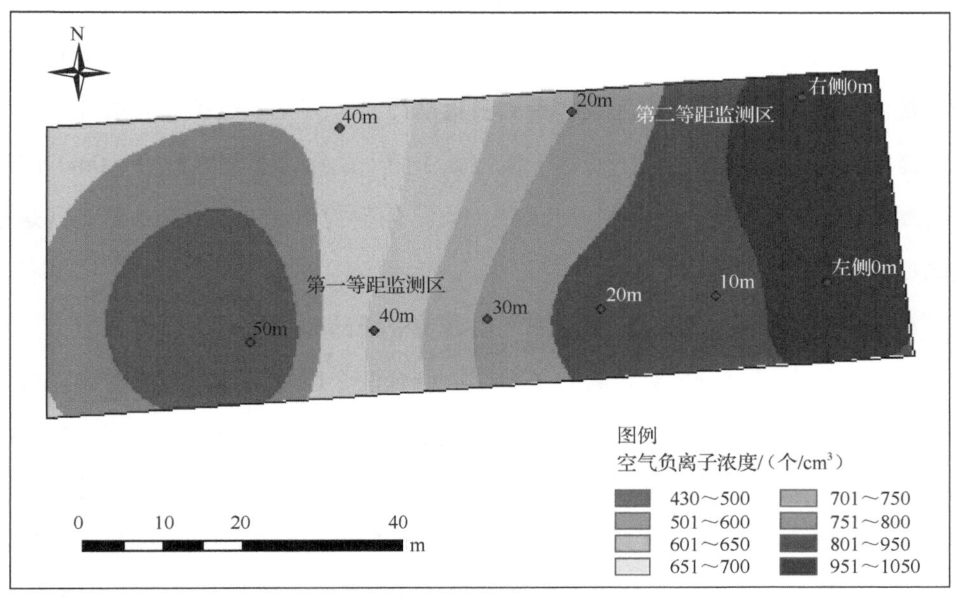

（a）第一等距监测区和第二等距监测区

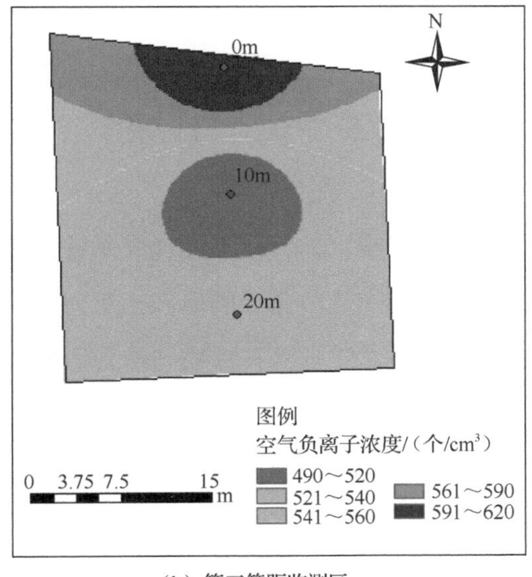

（b）第三等距监测区

图 3-16　等距离空气负离子分布图（见书后彩图）

测点与 20m 监测点空气负离子浓度比 10m 监测点的空气负离子浓度高，原因是其地处空旷区域，无植被，人员和车流量多，空气负离子浓度低；20m 处高于 10m 处，是由于其地处小区绿化区域，受周围植被影响。同是临近植物园边界，第三等距监测区原点（0m）的空气负离子浓度低于第一、第二监测区原点（0m）的空气负离子浓度，原因是 0m 监测点北侧为砖墙，阻碍空气流通，而其他监测区是栅栏隔离，空气流通通畅。

第一等距监测区与第二等距监测区由通透性强的栅栏与植物园隔开分界，作为等距离空气负离子研究对象具有典型性，结合两个监测区可以明显看出随着距植物园的距离增大，空气负离子浓度逐渐下降，说明植物园对周围空气负离子浓度的影响随距植物园的距离增大而降低。第三等距监测区与植物园由通透性极差的实体砖墙隔离，植物园对其的影响作用受到些阻碍，特征不是很明显。受周围环境因素的影响，我们对于城市森林公园空气负离子等距离影响研究还不够深入，有待继续研究。

3.5 小结与讨论

城市环境污染问题日趋严峻，如何改善环境受到各方面研究的关注，由此对作为评价空气质量重要指标的空气负离子的研究也更为重要。本章以哈尔滨市区内典型的城市森林公园——黑龙江省森林植物园作为研究区，运用数理统计分析方法研究空气负离子的时间分布特征及其与影响因素之间的关系，运用 3S 技术研究区域内空气负离子空间分布特征，通过空气负离子等级分布图可以更加直观地分析城市森林公园空气负离子的时空分布特征，为今后城市森林公园空气负离子的相关研究提供参考。

（1）使用 SPSS 17.0 软件研究空气负离子浓度与各气象因素的相关关系。研究结果显示空气负离子浓度和温度呈极显著负相关关系，空气负离子浓度和湿度呈显著正相关关系，空气负离子浓度与光照强度相关性并不明显。

（2）将黑龙江省森林植物园 2014 年 5～10 月和 2015 年 5～10 月的监测数据按日、月、季节分别进行统计分析。空气正、负离子浓度时间分布分析结果显示：空气负离子日变化的峰值出现在日出前后，随后开始下降，最低值出现在下午，后又逐步升高。空气负离子浓度均大于空气正离子浓度，说明黑龙江省森林植物园内森林植被覆盖率较高，空气清洁度好。夏季 8 月份空气正、负离子浓度均达到峰值，原因为夏季植物因太阳日照时间长、紫外线强等因素，光合作用旺盛，其生长茂盛，同时降水量丰富，空气湿度较大，为空气负离子的产生提供了极为有利的条件，因此夏季空气负离子浓度明显高于其他季节。

黑龙江省森林植物园内单极系数和空气负离子评价指数的时间分布分析结果显示：一天当中上午 9:30 时空气负离子评价指数达到最高，之后逐渐下降，这说明空气质量上午最好。5～10 月空气负离子浓度与空气负离子评价指数的时间变化趋势基本一致，说明空气负离子浓度对空气负离子评价指数影响较大，是空气质量评价的重要指标。各季度中单极系数值：夏季＜春季＜秋季，值均小于 1；空气负离子评价指数值：夏季＞春季＞秋季，值均大于 1，说明黑龙江省森林植物园全年空气质量良好，适宜人们旅游、度假、休憩，尤其以夏季最佳。

（3）通过 ArcGIS 10.2 软件，运用克里金插值法和反距离加权插值法对植物园及其周围居民区的空气负离子分布进行了空间分析，发现植物园园内各功能区空气负离子浓度因覆盖植物种类各异而不同，不同特征植物种类空气负离子浓度从高到低依次为：乔灌木结构＞乔草结构＞灌草结构＞灌木丛＞草地＞空地；植物园内空气负离子浓度明显高于附近居民区，同时附近居民区由于受植物园空气负离子源的影响，其空气负离子浓度也高于其他居民区。

（4）通过等距离监测可以明显发现，空气负离子影响随距离增大而减小，两者呈负相关关系，这说明空气负离子对周围环境有一定的影响作用，因此提高城居环境质量不仅要依靠城市森林公园，也要注重城居绿化。

受北方寒冷空气影响，黑龙江省森林植物园冬季不对外开放，导致本章全年观测数据不完整，无法分析寒冷天气下空气负离子浓度的分布规律。从研究范围来看，本章只采集了植物园内及周边居民区等的数据，未与市中心进行对比监测。从影响因子选取来看，本章只对气象因子进行了研究。因此，在今后的研究中，我们将加强监测数据的完整性，将地理信息系统技术应用于更多方面的空气负离子研究。

第4章 湿地环境空气负离子分布研究

4.1 野外数据获取与处理

由于松花江哈尔滨段每年 11 月中旬开始结冰，翌年 4 月左右解冻，结冰期长达 5 个月之久，而且太阳岛风景区瀑布关闭时间为每年 11 月初至第二年 4 月末，在此期间无法对室外水体环境进行有效观测。因此野外实地测量的时间为 2014 年 5～10 月和 2015 年 5～10 月每月中旬，哈尔滨太阳岛风景区—斯大林公园研究区内观测的水体环境类型为瀑布、河流、湖泊和沼泽，哈尔滨呼兰河口湿地公园—滨江湿地公园研究区内观测的水体环境类型为河流交汇处、河岸沼泽湿地，哈尔滨师范大学江北校区则为降雨环境研究区，主要测量点设置在水体换环境内部或远离人群并尽可能接近水体环境处，并沿水体环境边缘设定辅助测量点，同样记录采样地周围非水体环境的相应数据。尽可能选择晴朗的天气，这样可以忽略部分气象因子对负离子的影响。

数据采集于 2014 年 5～10 月和 2015 年 5～10 月，本节对太阳岛风景区—斯大林公园研究区进行实地测量 12 次，对呼兰河口湿地公园—滨江湿地公园研究区进行实地测量 3 次。在测量日的 8:00～16:00 对测量路线上各调查样点进行测定，各样点测定时间在一天内尽量分布均匀。每个测量点测量 10min，测量中机读数据为每两秒记录一次数据，人工数据为每 10 秒记录一次数据。人工读数所得数据记录在纸质表格，并注明日期及测量点位置与环境特征；机读数据则通过与电脑相连，将电子数据保存在电脑中以备查用，文件名默认为测量的时间，测量同时对周围的环境进行记录并附上照片，照片以样点编号命名。

其中哈尔滨师范大学江北校区为降雨环境研究区，选取 2014 年 4 月至 2015 年 7 月 6 个测量点 14 次测量数据，根据降雨程度和相对降雨过程的不同时间阶段，将实测数据分为降雨后、小到中雨和大到暴雨三个类别分别进行分析。由于降雨环境的恶劣气象条件，测量方式为人工读数，也由于受雨水与风的作用影响，将各测量点测量时间设置为3min，以避免测量仪器受潮损坏。

使用SPSS软件对所测的空气负离子数据进行统计分析，太阳岛风景区一斯大林公园研究区共设立65个测量点，其中选取的有效测量点为53个；呼兰河口湿地公园一滨江湿地公园研究区共设立30个测量点，其中选取的有效测量点为25个；哈尔滨师范大学江北校区研究区则设立10个测量点，其中选取有效测量点6个。所有研究区总计从设立的105个测量点中选取有效测量点84个进行分析。

4.2 遥感数据获取与处理

采用2013年6月的SPOT5卫星影像，该卫星上载有2台高分辨率几何（high resolution geometric，HRG）成像装置、1台高分辨率立体（high resolution stereoscopic，HRS）成像装置、1台宽视域植被探测仪（vegetation，VGT）等，空间分辨率最高可达2.5m。裁剪提取所需实验区影像并进行几何校正、辐射校正等预处理。

SPOT系列卫星是法国空间研究中心研制的地球观测卫星系统，自1986年以来已发射了6颗，SPOT系列卫星已经拍摄、传输超过7百万幅全球卫星影像数据，为满足制图、农业、林业、土地利用、水利、国防、环保、地质勘探等多个应用领域不断变化的科学研究需求提供了准确、丰富、可靠、动态的地理信息源。

SPOT5卫星采用太阳同步准回归轨道，通过赤道时刻为地方时上午10:30，回归天数（重复周期）为26天。由于采用倾斜观测，所以实际上可以对同一地区进行长达4～5天的观测。SPOT5的一景数据对应地面60km×60km的范围，在倾斜观测时横向最大可达91km，各景位置根据SPOT图像格网参考系统（SPOT grid reference system)由列号K和行号J的节点来确定。各节点以两台高分辨率可见光（high resolution visible，HRV）传感器同时观测的位置基础来确定，奇数的K对应于HRV1，偶数的K对应于HRV2。倾斜观测时，由于景的中心和星下点的节点不一致，所以把实际的景中心归并到最近的节点上。SPOT5影像波段特征如表4-1所示。

表 4-1　SPOT5 影像波段特征

波段	波段范围/nm	类型	波段特征	主要用途
1	500～590	绿谱段	该谱段位于植被叶绿素光谱反射曲线最大值的波长附近，同时位于水体最小衰减值的长波一边	探测水的浑浊度和 10～20m 的水深
2	610～680	红谱段	谱段与陆地卫星的多光谱扫描仪（mulri spectral scanner，MSS）的第 5 通道相同	提供作物识别、裸露土壤和岩石表面的情况
3	790～890	近红外谱段	对大气层有较强的穿透性	对植被和生物的研究

4.3　水体空气负离子空间分布分析

空气负离子主要有两种产生方式：①植被通过冠层枝叶的尖端放电作用及叶绿素的光合作用产生；②水体运动过程中水分子破碎造成雷纳德效应而产生。因此将各个测量点所测得的数据进行均值计算后对 3 个研究区进行空间插值，通过得到的 2014 年 5～9 月、2015 年 5～9 月各研究区平均空气负离子浓度分布图，分析水体空气负离子与植被空气负离子空间分布差异。

4.3.1　太阳岛风景区—斯大林公园研究区空气负离子分布

根据研究区的地理特征及野外实际测量点分布，选用趋势面插值法进行空间分析，得到太阳岛风景区—斯大林公园空气负离子分布图，如图 4-1 所示。由图可以发现，研究区内空气负离子分布基本由北至南逐渐降低。位于太阳岛风景区北端的太阳瀑游览区及其附近区域空气负离子浓度最高，为 2521 个/cm^3。位于松花江南岸的斯大林公园处空气负离子浓度最低，为 109 个/cm^3。

太阳岛风景区中瀑布区域及其周边区域相较其他区域植被覆盖程度相差无几，但空气负离子浓度远大于非瀑布区域及其周边区域，分析认为瀑布环境的空气负离子产生能力是最强的，其效果远大于植被环境。图中西端太阳岛风景区大门前停车场处与位于图中南端的斯大林公园空气负离子浓度较低，是因其植被覆盖面积相对太阳岛风景区较少，其小环境内密集的人类活动导致的。

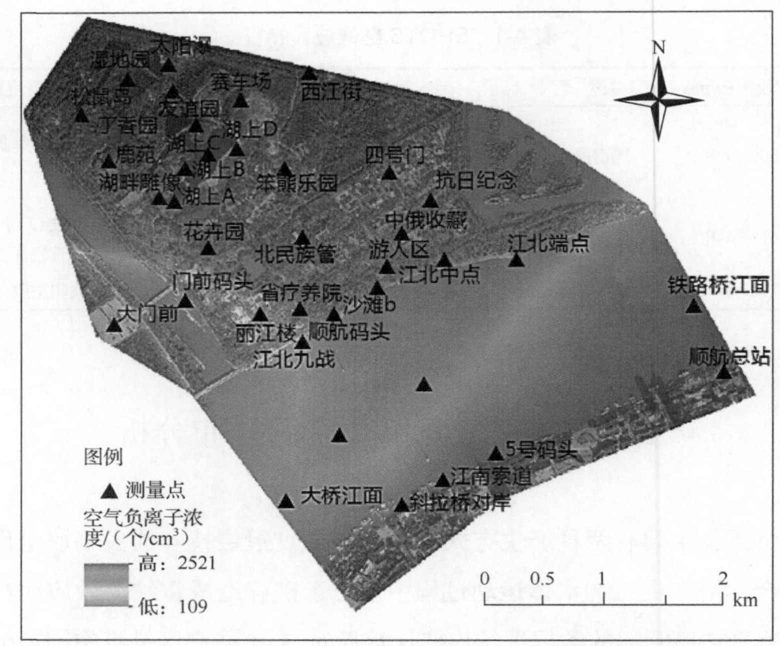

图 4-1　太阳岛风景区—斯大林公园空气负离子分布图

4.3.2　呼兰河口湿地公园—滨江湿地公园研究区空气负离子分布

根据研究区测量点分布特征选择反距离加权插值法进行空间分析，得到呼兰河口湿地公园—滨江湿地公园研究区空气负离子分布图，如图 4-2 所示。空气负离子浓度最高点位于哈尔滨滨江湿地处，达到 1506 个/cm^3，而最低点也位于毗邻的哈尔滨滨江湿地停车场，为 85 个/cm^3。

相对于陆地，呼兰河与松花江交汇水域处空气负离子浓度较低。我们分析认为，这是因为该处水域宽广，较为缓慢的水流速导致雷纳德效应较弱。而哈尔滨滨江湿地停车场与哈尔滨呼兰河口湿地正门停车场均为人类活动频繁的人工建筑，因而这两处空气负离子浓度较低。而在图 4-2 西侧公路处，空气负离子浓度随测量点序号增大而降低，是由于随测量点序号增大，测量点遭受人类生活垃圾的污染程度也随之加重。这种污染是因相对于呼兰河口处，位于松花江上游两岸游客及渔民等丢弃入江的生活垃圾受水流作用堆积于呼兰河口岸边所致。

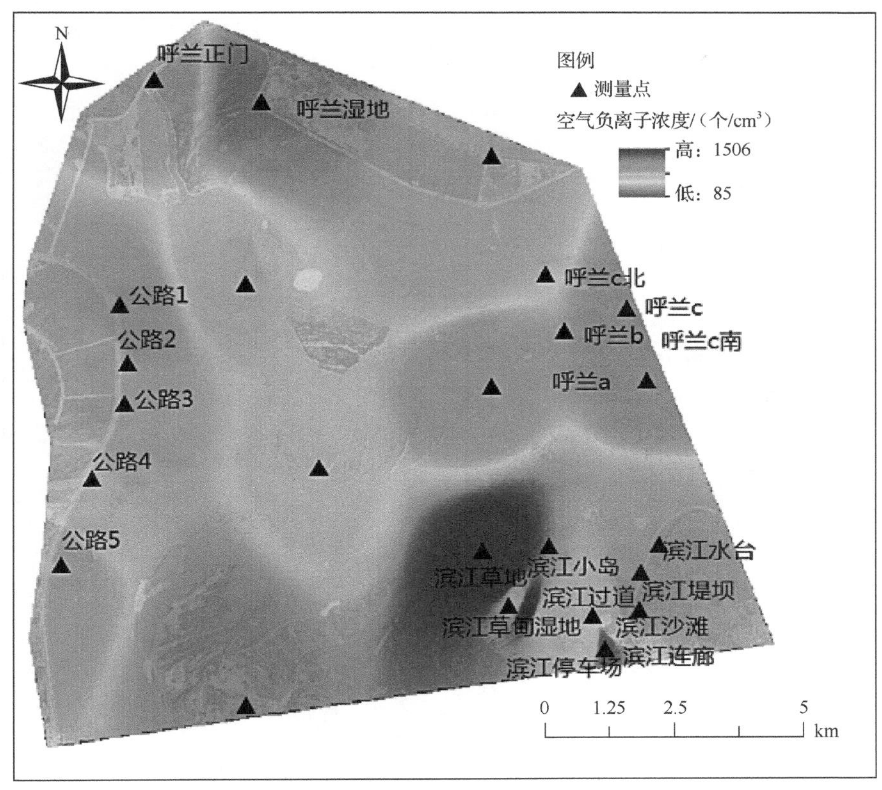

图 4-2　呼兰河口湿地公园—滨江湿地公园研究区空气负离子分布图

4.3.3　哈尔滨师范大学研究区空气负离子分布

使用反距离加权插值法进行空间分析，其中将实地测量所得的 13 次降雨数据根据降雨规模和时间分为大到暴雨、小到中雨和雨后 3 类，分别按照这 3 类数据进行反距离加权插值分析得到哈尔滨师范大学研究区降雨环境空气负离子分布，如图 4-3 所示。

从图 4-3 中可以发现，小到中雨和雨后研究区内空气负离子分布规律基本相同，均是停车场和篮球场等空地区域浓度值最低，林地浓度值最高。而在大到暴雨时篮球场则变为最高值。分析认为降雨环境中雨水受地球重力作用跌落于地面，在降雨达到一定剧烈程度时，地面刚性越强，通过雷纳德效应产生的空气负离子越多。在停车场中，不论何种程度的降雨，人类活动都较为频繁，因而造成不同降雨环境空气负离子浓度差异较小。而篮球场中，在大到暴雨环境下基本没有人类活动，因而差异较为明显。

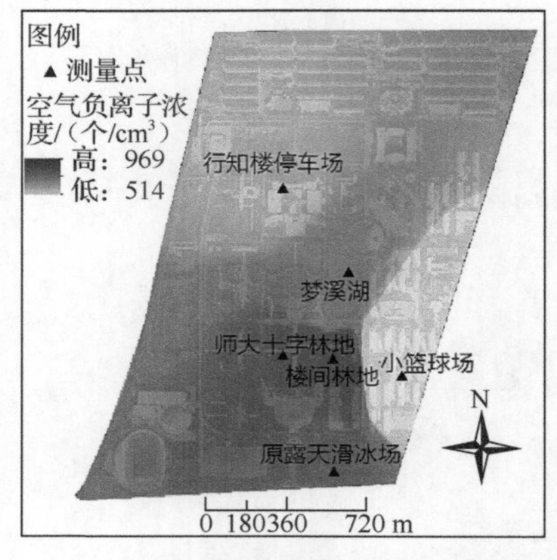

（a）小到中雨环境空气负离子分布图

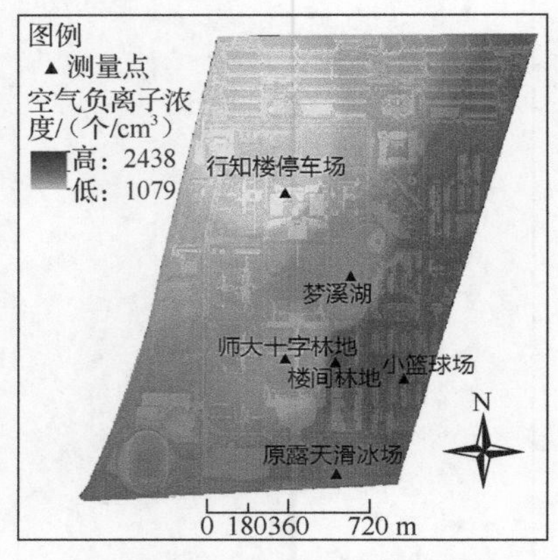

（b）大到暴雨环境空气负离子分布图

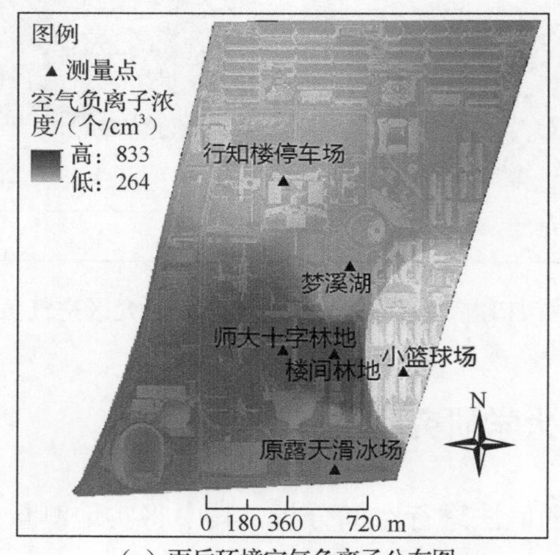

（c）雨后环境空气负离子分布图

图 4-3 哈尔滨师范大学研究区不同降雨环境空气负离子分布图

4.4 水体环境空气负离子空间分析

为进一步探究不同水体环境空气负离子的分布特征，我们分别选取位于湖泊、沼泽湿地、河流和瀑布处的测量点所测量的数据进行空间插值分析。

4.4.1　湖泊

对太阳岛风景区湖泊环境区域太阳湖使用反距离加权插值法进行分析，得到太阳湖空气负离子分布图，如图 4-4 所示。从图中可以发现，空气负离子浓度由湖泊内部向外部逐渐升高，湖泊周边人类活动密集的空地和休憩区空气负离子浓度要低于人类活动较少的植被茂密区域。分析认为，由于该湖泊为静水湖，湖水自循环较为缓慢，受风力作用，水体通过雷纳德效应产生空气负离子的区域主要为湖岸。

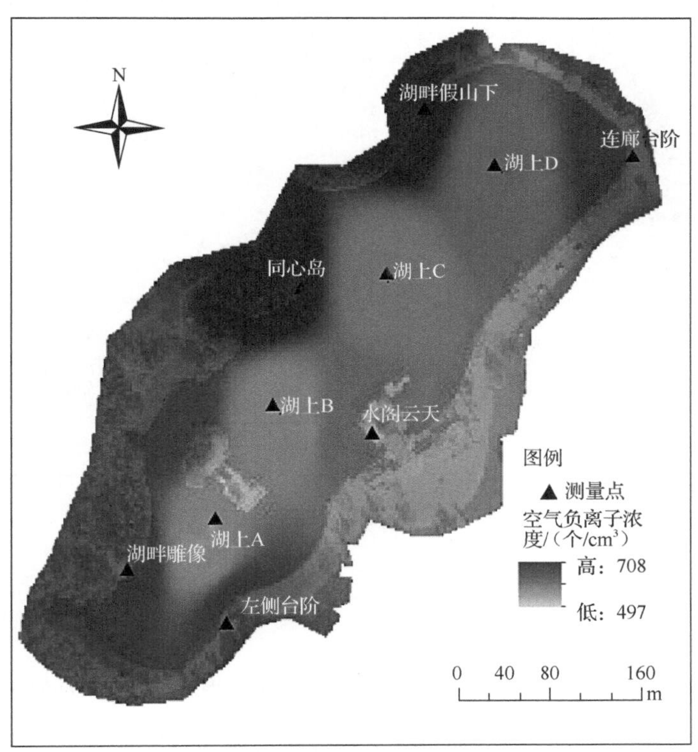

图 4-4　太阳湖空气负离子分布图

4.4.2　沼泽湿地

通过对沼泽湿地研究区进行反距离加权插值，得到滨江湿地空气负离子分布图，如图 4-5 所示。由图可以发现，滨江停车场空气负离子浓度最低，植被与水体相互混杂的滨江小岛、滨江过道附近空气负离子浓度最高。由于滨江湿地内水域广阔，水流速度较为缓慢，空气负离子分布较为均匀。

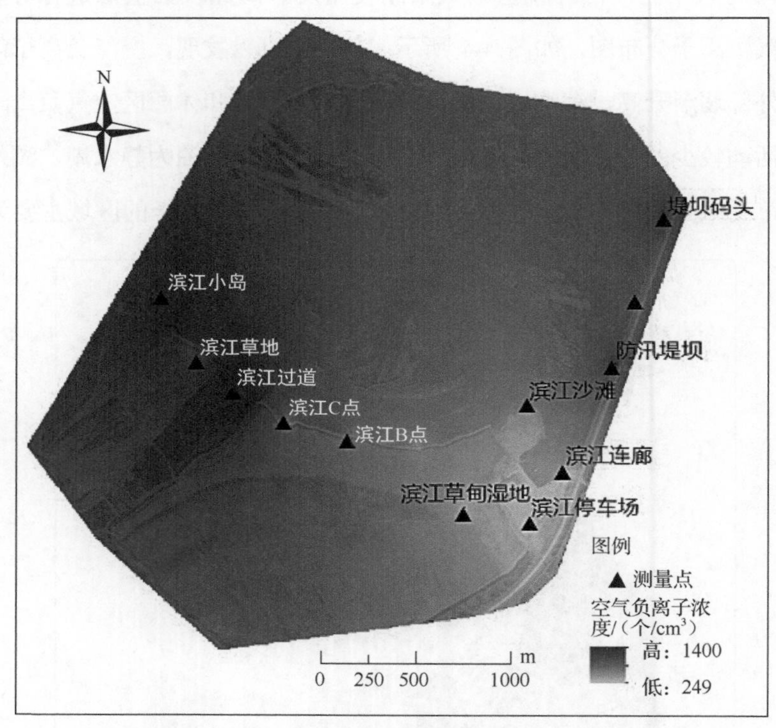

图 4-5 滨江湿地空气负离子分布图

4.4.3 河流

河流研究区使用趋势面插值法进行空间分析，根据获得的太阳岛风景区—斯大林公园段空气负离子分布图（图 4-6）可知，河流环境中水体主要于水体边缘区域在自身动能作用与风力作用下通过雷纳德效应产生空气负离子，而在河流江心处空气负离子浓度较低。

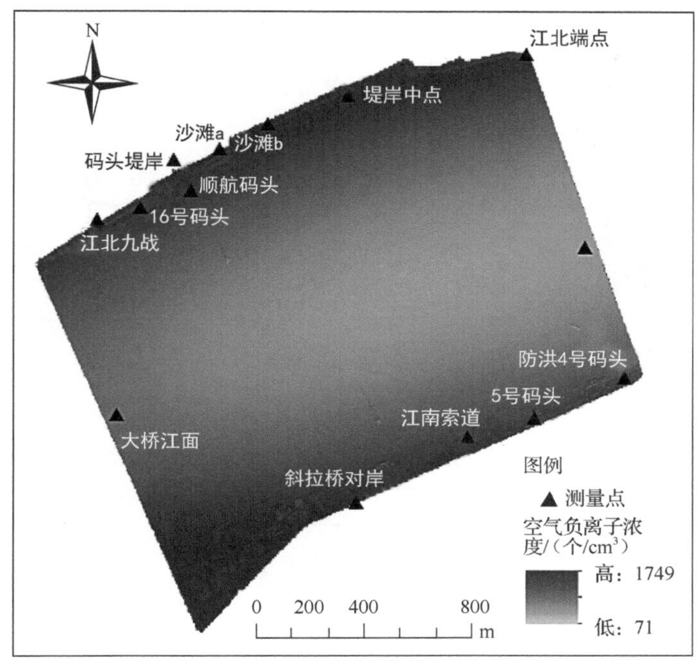

图 4-6　松花江太阳岛风景区—斯大林公园段空气负离子分布图

4.4.4　瀑布

通过反距离加权插值法得到太阳岛风景区中太阳瀑研究区空气负离子分布图（图 4-7）。由图 4-7 可知，太阳瀑研究区内空气负离子浓度由瀑布处向外逐渐降低。位于高于瀑布湖面 5m 的瀑布后山空地的空气负离子浓度就远低于瀑布处。而与瀑布周边相毗邻的其他环境区域空气负离子浓度较为平均，位于距离瀑布最远的原赛车场区域空气负离子浓度最低。分析认为，瀑布后山空气负离子浓度低于瀑布处是由于太阳瀑为人工瀑布，瀑布后山空地与瀑布出水口处于同一高程，距离瀑布跌水的主要发生面有 5m 的落差，且被 3m 高的横向人造假山阻隔。毗邻瀑布环境的其他环境区域空气负离子较为平均则是瀑布环境对周边区域的影响作用造成的，毗邻瀑布的林地、湖泊、草地、湿地的空气负离子浓度都较其他远离瀑布环境的相同类型环境要高。例如，同为草地环境的毗邻瀑布环境的友谊园和与瀑布环境相对距离较远的原赛车场的草地环境，虽然原赛车场的草地环境的规模和草本植物生长更为茂密，但其空气负离子浓度却低于毗邻瀑布的友谊园。

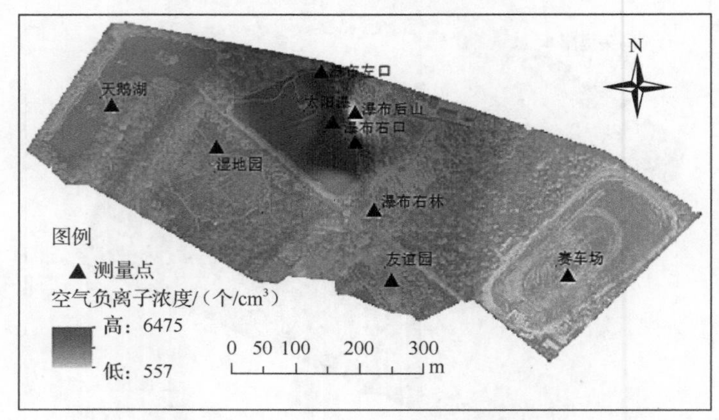

图 4-7　太阳瀑空气负离子分布图

4.5　水体空气负离子预测模型构建

通过对水体环境空气负离子分布特征进行分析可以发现，空气负离子主要分布在雷纳德效应较为显著的瀑布环境、河流两岸、湖泊边缘、水体与植被相互混杂的沼泽湿地环境等环境质量较高的区域。这些区域有多种影响因素对空气负离子浓度具有不同的作用。因此，本节对水体空气负离子的主要因子进行研究，并据此构建水体环境空气负离子预测模型。

4.5.1　水体空气负离子影响因子

1. 植被因子

林分对空气负离子的影响主要体现在林分类型、郁闭度和树龄三方面，且林分的生命力越旺盛，其空气负离子浓度越高（朱春阳等，2013）。不同的林分结构会对空气负离子的浓度有较大的影响，对于单一树种的林木，乔木层下的地表物越多负离子浓度越高。乔灌草复层结构的负离子浓度要高于灌草和草坪（吴楚材等，1998b）。此外，在不同太阳辐射强度下，植物不同光合作用强度也会造成植株周边空气负离子浓度发生变化（Wang et al.，2009）。

2. 水体自身特征与属性因子

水分子的高速运动会导致水分子破裂，容易产生空气负离子，所以水体在自身所具有的动能作用与外界风力、地表环境等的作用下会产生大量空气负离子，如流速较大的瀑布、喷泉附近空气负离子浓度要高于其他水体（张兵等，2015）。瀑布周围的空气负离子浓度大于跌水，跌水大于溪流。距离水体的远近也会对空气负离子浓度有较大的影响，离水体越远空气负离子浓度越低。静态水附近空气负离子浓度明显低于动态水，一般每立方厘米空气中只有几百个。

水体环境受自身蒸发作用影响，小区域环境内相对湿度较高，且悬浮颗粒物被水分子包裹下坠，使空气清洁程度维持在较高水平，大大延长空气负离子的存活时间，进而导致空气负离子积累量较高。

3. 气象因子

普遍的研究认为，空气温度的升高会降低空气中负离子的浓度，空气中相对湿度的升高会使空气负离子的浓度也随之升高，负离子浓度与温度呈显著负相关，与湿度呈显著正相关（Pawar et al.，2012）。

叶彩华等（2000）的研究表明，北京地区的空气负离子浓度与日平均风力呈正比。空气中负离子浓度会受阵风的影响，当有阵风时，空气的摩擦会加剧，会促使负离子的生成，空气中负离子的数量就会增多，但不同的研究往往会得到不同的结论，有些研究认为风力、风向对空气负离子浓度的影响较小，可以忽略不计。

4. 环境因子

关于环境因子对负离子浓度的影响程度，王淑娟等（2008）运用灰色关联度分析方法进行了实验，求算不同生境因子与空气负离子浓度的灰色关联系数，结果为：相对湿度＞温度＞风力＞光量子＞可吸入颗粒物。

本章采样点的选取均以典型的湿地环境（如湖泊、沼泽、河流和瀑布）为主，在晴朗天气进行测量，可以排除雾霾、沙尘暴等恶劣天气对测量工作的影响，以保证所测空气负离子浓度的准确性。由于测量环境属于国家级景区或城市公园，植被与水体覆盖面积广泛，空气悬浮物浓度较低，所以可吸入颗粒物浓度对负离子浓度的影响可忽略不计。因此认为，相对湿度、温度、风向、风力、流速、人类活动强度、水体环境植被分布特征等为自然环境下水体空气负离子的影响因子。

4.5.2 水体空气负离子影响因子相关性分析

任何事物的变化都与其他事物存在相互联系和相互影响，用于描述事物数量特征的变量之间自然也存在一定的关系。变量之间的关系归纳起来可以分为两种类型，即函数关系和统计关系。当一个变量 x 取一定值时，另一个变量 y 可以按照确定的函数公式取一个确定的值，记为 $y=f(x)$，则 y 与 x 两变量之间存在函数关系。为准确地描述变量间的线性相关度，通常通过计算两者间的相关系数来进行表达。相关系数是衡量变量间相关量的数值。在相关系数中，总体相关系数记作 p，样本相关系数记作 r。在统计学中通常通过样本相关系数 r 推测总体相关系数 p。相关系数的取值范围在−1 与+1 之间，即 $-1\leqslant r\leqslant +1$。其中：若 $0<r\leqslant 1$，表明变量之间有正相关关系，即两个变量的相随变动方向相同；若 $-1\leqslant r<0$，表明变量之间有负相关关系，即两个变量的相随变动方向相反。为体现变量的相关程度，通常定义 $|r|<0.3$ 为不相关；$0.3\leqslant|r|<0.5$ 为低相关程度；$0.5\leqslant|r|<0.8$ 为中相关程度；$0.8\leqslant|r|\leqslant 1$ 为高相关程度。

为了解不同水体环境中空气负离子与各影响因子的相关程度，通过 SPSS 20.0 软件使用 Pearson 相关系数对所选取的不同水体环境的影响因子进行相关分析，并用 Spearman 等级相关系数对影响因子的自相关性进行异方差检验。

1. 静态水体环境——湖泊

通过 Pearson 相关系数对属于静态水体环境的湖泊的各个影响因子与空气负离子浓度进行性相关性分析，得到湖泊空气负离子及其影响因子相关系数，如表 4-2 所示。

表 4-2　湖泊空气负离子及其影响因子相关系数

		负离子	温度	湿度	风力
负离子	Pearson 相关性	1	0.584	0.411	−0.599
	显著性（双侧）		0.000	0.002	0.000
	N	54	54	54	50
温度	Pearson 相关性		1	0.461	−0.405
	显著性（双侧）			0.000	0.004
	N		54	54	50
湿度	Pearson 相关性			1	−0.048
	显著性（双侧）				0.742
	N			54	50
风力	Pearson 相关性				1
	N				50

注：*N* 为样本数量，余同

在表 4-2 中，对于湖泊水体环境，温度、湿度和风力对空气负离子的影响程度均为 $p<0.01$ 的极显著。其中湿度为低度正相关，温度为中度正相关，风力为中度负相关。这是因为湖泊环境属于静态水体，其空气负离子的产生受太阳辐射、大气流动的直接影响程度较大，因此认为湖泊空气负离子主要影响因子为温度、湿度和风力。

2. 静态水体环境——沼泽湿地

通过 Pearson 相关系数对属于静态水体环境的沼泽湿地的各个影响因子与空气负离子浓度进行相关性分析，得到沼泽湿地空气负离子及其影响因子相关系数，如表 4-3 所示。

表 4-3　沼泽湿地空气负离子及其影响因子相关系数

		负离子	温度	湿度	风力
负离子	Pearson 相关性	1	0.068	0.546	0.893
	显著性（双侧）		0.721	0.002	0.000
	N	30	30	30	30
温度	Pearson 相关性		1	0.633	0.100
	显著性（双侧）			0.000	0.599
	N		30	30	30
湿度	Pearson 相关性			1	0.414
	显著性（双侧）				0.023
	N			30	30
风力	Pearson 相关性				1
	N				30

对于沼泽湿地水体环境，湿度与空气负离子为极显著（$p<0.01$）的中度正相关，风力与空气负离子为极显著（$p<0.01$）的高度正相关，温度与空气负离子的显著程度>0.05，认为其不具有显著性。分析认为，沼泽湿地水体环境具有较强的温度自我调控能力，但对太阳辐射、大气流动等外界影响的抵抗能力较弱。因此认为沼泽湿地空气负离子主要影响因子为湿度和风力。

3. 动态水体环境——河流

通过 Pearson 相关系数对属于动态水体环境的河流的各个影响因子与空气负离子浓度进行相关性分析，得到河流空气负离子及其影响因子相关系数，如表 4-4 所示。

表 4-4　河流空气负离子及其影响因子相关系数

		负离子	温度	湿度	风力	流速
负离子	Pearson 相关性	1	−0.274	0.374	0.673	0.833
	显著性（双侧）		0.029	0.002	0.000	0.020
	N	64	64	64	64	7
温度	Pearson 相关性		1	0.273	−0.246	−0.502
	显著性（双侧）			0.029	0.050	0.250
	N		64	64	64	7

续表

		负离子	温度	湿度	风力	流速
湿度	Pearson 相关性			1	0.040	0.509
	显著性（双侧）				0.756	0.243
	N			64	64	7
风力	Pearson 相关性				1	0.465
	显著性（双侧）					0.294
	N				64	7
流速	Pearson 相关性					1
	N					7

对于河流水体环境，温度与空气负离子不相关，风力与空气负离子为极显著（$p<0.01$）的中度正相关，湿度与空气负离子为极显著（$p<0.01$）的低度正相关，流速与空气负离子为显著（$p<0.05$）的高度正相关。分析认为，河流与湖泊相似，对大气流动、植被分布等影响的抵抗能力较弱，且由于河流自身为动态水体，会受流量、流速等因素影响，认为河流空气负离子主要影响因子为湿度、风力和流速。

4. 动态水体环境——瀑布

通过 Pearson 相关系数对属于动态水体环境的瀑布的各个影响因子与空气负离子浓度进行相关性分析，得到瀑布空气负离子及其影响因子相关系数，如表 4-5 所示。

表 4-5 瀑布空气负离子及其影响因子相关系数

		负离子	温度	湿度	风力
负离子	Pearson 相关性	1	0.086	0.787	−0.234
	显著性（双侧）		0.725	0.000	0.384
	N	19	19	19	16
温度	Pearson 相关性		1	0.047	0.545
	显著性（双侧）			0.850	0.029
	N		19	19	16
湿度	Pearson 相关性			1	−0.412
	显著性（双侧）				0.113
	N			19	16

续表

		负离子	温度	湿度	风力
风力	Pearson 相关性				1
	N				16

瀑布水体环境中，湿度与空气负离子为极显著（$p<0.01$）的中度正相关，温度、风力与瀑布水体空气负离子均不相关。分析认为，瀑布环境中水体运动剧烈，通过雷纳德效应产生的空气负离子量极其巨大。因而只有能一定程度反映水体运动剧烈程度的湿度与空气负离子具有一定相关性。本章瀑布水体环境为人造瀑布，其流速、规模为恒定值，忽略流速和规模因子的影响。

4.5.3 多元逐步回归分析

1. 静态水体环境——湖泊

在太阳岛风景区—斯大林公园研究区中，从太阳湖游览区 9 个采样点共计 59 组湖泊采样数据中选取 54 组有效数据进行多元逐步回归分析。

在检验参数中，决定系数 R^2 为判定系数，R^2 越接近 1，模型的拟合度越高。相应的 Sig 小于 0.05，则说明该数据有效。通过温度、湿度和风力对湖泊环境空气负离子浓度进行多元逐步回归分析，得出如下方程：

$$y = 0.293x_1 - 0.468x_2 + 0.268x_3 \tag{4-1}$$

回归方程中 R^2 为 0.573，调整 R^2 为 0.573，回归检验方差分析中 Sig 小于 0.01，F 为 20.566。各变量系数为标准化系数，各项系数 Sig 小于 0.05。x_1 为温度，x_2 为风力，x_3 为湿度。

由于预测方程中各影响因子间具有一定的相关性，根据方程（4-1）的直方图、P-P 图和散点图进行异方差检验，发现该方程具有异方差，说明该方程显著性检验失真，预测精度较低。因此利用加权最小二乘法将方程（4-1）进行变换消除异方差。最终根据 SPSS 软件输出结果中的标准化系数，得出湖泊环境空气负离子浓度预测方程：

$$y = 0.681x_1 - 0.447x_2 + 0.476x_3 \tag{4-2}$$

湖泊环境空气负离子浓度预测方程的权重系数为 2，对数似然函数值为 −296.697，R^2 为 0.974，调整 R^2 为 0.973，F 为 579.648，各变量系数的 Sig 均小于 0.05。

2. *静态水体环境——沼泽湿地*

在呼兰河口湿地公园—滨江湿地公园研究区中，从滨江湿地公园 12 个采样点共计 35 组沼泽湿地采样数据中选取 30 组有效数据进行二元逐步回归分析。

通过湿度和风力对沼泽湿地环境空气负离子浓度进行二元逐步回归分析，得出如下方程：

$$y = 0.805x_1 + 0.213x_2 \tag{4-3}$$

回归方程中 R^2 为 0.835，调整 R^2 为 0.823，回归检验方差分析中 Sig 小于 0.01，F 为 68.219。各变量系数为标准化系数，各项系数 Sig 小于 0.05。x_1 为风力，x_2 为湿度。

由于预测方程中各影响因子间具有一定的相关性，根据方程（4-3）的直方图、P-P 图和散点图进行异方差检验，发现该方程具有异方差，说明该方程显著性检验失真，预测精度较低。因此利用加权最小二乘法将方程（4-3）进行变换消除异方差。最终根据 SPSS 软件输出结果中的标准化系数，得出沼泽湿地环境空气负离子浓度预测方程：

$$y = 0.848x_1 + 0.172x_2 \tag{4-4}$$

沼泽湿地环境空气负离子浓度预测方程的权重系数为 2，对数似然函数值为 −165.750，R^2 为 0.883，调整 R^2 为 0.874，F 为 94.739，方程中各变量系数的 Sig 均小于 0.05。

3. *动态水体环境——河流*

在太阳岛风景区—斯大林公园研究区中，从太阳岛风景区与斯大林公园隔岸相对间的松花江段 15 个采样点共计 69 组河流采样数据中选取 64 组有效数据进行二元逐步回归分析。

在逐步回归分析中温度和湿度对方程影响不显著，因而剔除这两项影响因子，仅通过流速和风力对河流环境空气负离子浓度进行二元逐步回归分析，得出如下方程：

$$y = 0.571x_1 + 0.563x_2 \tag{4-5}$$

回归方程中 R^2 为 0.942，调整 R^2 为 0.913，回归检验方差分析中 Sig 小于 0.01，F 为 32.346。各变量系数为标准化系数，各项系数 Sig 小于 0.05。x_1 为流速，x_2 为风力。

由于预测方程中各影响因子间具有一定的相关性，根据方程（4-5）的直方图、P-P 图和散点图进行异方差检验，发现该方程具有异方差，说明该方程显著性检验失真，预测精度较低。因此利用加权最小二乘法将方程（4-5）进行变换消除异方差。最终根据 SPSS 软件输出结果中的标准化系数，得出河流环境空气负离子浓度预测方程：

$$y = 0.351x_1 + 0.707x_2 \tag{4-6}$$

河流环境空气负离子浓度预测方程的权重系数为 2，对数似然函数值为 −30.292，R^2 为 0.991，调整 R^2 为 0.986，F 为 211.137，方程中各变量系数为标准化系数，各项系数 Sig 均小于 0.05。

4. 动态水体环境——瀑布

在太阳岛风景区—斯大林公园研究区中，从太阳瀑游览区 3 个采样点共计 24 组瀑布采样数据中选取 19 组有效数据进行一元线性回归分析。

通过湿度对瀑布环境空气负离子浓度进行一元线性回归分析得出如下方程：

$$y = 0.787x_1 \tag{4-7}$$

瀑布空气负离子预测方程中 R^2 为 0.619，调整 R^2 为 0.596，回归检验方差分析中 Sig 小于 0.01，F 为 27.583。各变量系数 Sig 小于 0.01。x_1 为湿度。由于只有唯一一项影响因子与瀑布空气负离子具有相关性，因而不进行异方差检验。

4.5.4　误差检验

将各个水体环境未参与回归模型构建的 5 组实测数据中的影响因子数据代入各自回归方程得到地表温度预测值。通过 Excel 按照 $\frac{|\text{预测值}-\text{测量值}|}{\text{测量值}}$ 的计算方式得到相对误差系数，如表 4-6 所示。

表 4-6　相对误差系数　　单位：%

序号	湖泊	沼泽湿地	河流	瀑布
1	8.18	7.80	7.74	4.42
2	4.17	10.46	4.93	1.87
3	9.97	2.11	9.89	6.48
4	10.99	9.46	8.34	14.17
5	7.79	8.77	1.37	9.92
平均误差系数	8.22	7.72	6.45	7.37

不同水体环境空气负离子平均误差系数均小于 10%，即认为通过多元逐步回归方程建立的不同水体空气负离子模型有效。

4.6　小结与讨论

空气负离子浓度已成为评价一个地区空气环境质量的重要指标之一。利用空间统计学与 3S 技术对水体空气负离子浓度进行研究，有助于提高人们对于水体环境空气负离子生态效益的认识，对于指导城居绿化规划与建设，利用自然环境开发城市公园有着十分重要的意义。

（1）SPSS 20.0 统计学软件对不同水体环境实地测量的环境要素与空气负离子浓度的相关性分析结果，结合室内模拟实验对水体空气负离子影响因子的判别得出：对于湖泊环境，主要影响因子为温度、湿度和风力；对于沼泽湿地环境，主要影响因子为湿度和风力；对于河流环境，主要影响因子为湿度、风力和流速；对于人工瀑布环境，主要影响因子为湿度。

通过选择对各个水体环境具有中等显著程度和高等显著程度的影响因子进行多元逐步回归分析，得到不同水体空气负离子线性预测模型。通过 Excel 2010 软件对各个模型方程进行精度验证发现，对湖泊、沼泽湿地、河流和瀑布的预测平均误差系数均小于 10%。

（2）通过反距离加权插值法和趋势面插值法对 3 个研究区及研究区内典型的不同水体环境的空气负离子浓度进行空间分析发现，空气负离子主要分布于人类活动较少的空气较为清洁的自然环境。水体空气负离子主要分布于雷纳德效应较为显著的瀑布环境、河流环境、湖泊环境的水体边缘、水体与植被相互混杂的沼泽湿地环境。对于处于静态水环境的湖泊、沼泽湿地水体环境空气负离子分布差异并不明显。相反在瀑布、河流的动态水环境中空气负离子分布差异十分明显。

第 5 章　大兴安岭针叶林空气负离子浓度变化特征及其生态效益评价

5.1　漠河针叶林空气负离子浓度日变化特征研究

根据大兴安岭植被分布特征（郭笑怡等，2013），结合森林空气负离子的季节规律（Wu et al.，2011），以及检测仪器的适用范围，我们于 2012 年 7 月 10 日至 20 日、9 月 15 日至 19 日和 2013 年 7 月 9 日至 19 日、9 月 17 日至 21 日，分别选取漠河市北极村附近面积相似的落叶松、樟子松林地，在两种针叶林地各自的林分中心与均匀环绕林分中心分布的 8 个位置进行测量，并用手持式 GPS 进行海拔和经纬度的精确定位。使用空气负离子浓度检测仪对两片针叶林区总计 18 个测量点进行 24h 连续空气负离子浓度监测，获得两片林地相应的空气负离子浓度数据，同时记录相应日期和时间的温度、湿度和天气情况。

根据时间尺度和取相应平均数的统计方法对测量数据进行汇总，分别绘制不同季节各林地空气负离子浓度、各林地林分中心与其周边地区空气负离子浓度及两年内两片林地的空气负离子浓度与其温、湿度随时间变化的折线图，以此进行对比分析。并采用 SPSS 19.0 数据分析软件对各林地空气负离子浓度与温度、湿度进行关联分析，采用 Pearson 相关系数描述空气负离子浓度与温、湿度的相关程度。

5.1.1　针叶林空气负离子浓度的日变化规律

森林空气负离子主要为生物性发生，受时间、空间因素影响研究结果不尽相同。根据 2012 年和 2013 年漠河地区测量的数据，从不同季节、林地内外环境、不同林分类型等角度说明针叶林空气负离子浓度的日变化规律，分别绘制两年内落叶松和樟子松林地在夏秋两季的空气负离子平均浓度日变化，见图 5-1、图 5-2。

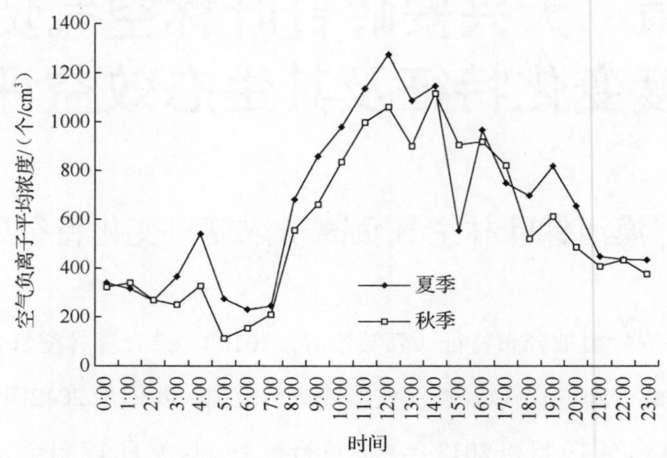

图 5-1　落叶松林地在夏秋两季空气负离子平均浓度日变化

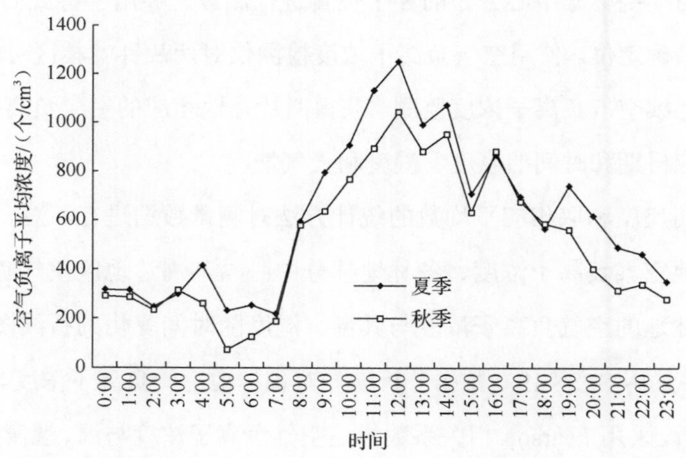

图 5-2　樟子松林地在夏秋两季空气负离子平均浓度日变化

由于实地测量发现当地夏秋两季光照时间相差 2h 左右，且落叶松具有夏季枝叶生长旺盛而秋季脱落部分叶片的特性，因而夏秋两季落叶松林地空气负离子浓度曲线相差较大。相关研究认为 14:00 过后，随着太阳辐射的减弱，植物光合作用逐渐加强，空气湿度也逐渐变大，至 16:00 左右空气负离子浓度会达到一个峰值（石彦军等，2010）。然而，本章空气负离子浓度不仅在 16:00 左右出现峰值，也在夏季的 19:00 左右出现峰值，通过分析认为：这与夏季日照时间较长有关，研究区 16:00 和 19:00 时空气湿度仍然较低，秋季 19：00 左右湿度较高。

通过分析不同林分区域的测量数据发现：两种林分类型的空气负离子浓度日变化基本吻合，落叶松林地空气负离子浓度在两年中的平均水平要高于樟子松林地。两种林分内空气负离子浓度在测定时间内随时间的变化呈现出明显的规律性：波谷和波峰交替出现的双峰曲线，从凌晨开始由于早晨植物光合作用较弱，随着太阳辐射不断增强，植物光合作用逐渐加强，因而产生大量空气负离子，直到林地内外空气负离子平均浓度在 12:00 处达到 1156 个/cm^3 的最高水平。12:00 之后由于太阳辐射极强，植物光合作用出现“休眠”现象，太阳辐射的增强使温度偏高，空气湿度较低，在 13:00 左右空气负离子浓度基本上呈降低趋势。而后随光照强度减弱植物解除休眠，因而在 14:00 处空气负离子浓度回升，但因为太阳辐射的持续减弱，空气湿度会逐渐变大，空气负离子会持续减少，在下午 16:00 和 19：00 左右会有一定反弹，然后衰减到 2:00 左右达到空气负离子平均浓度 254 个/cm^3 最低水平。

根据两年内针叶林林地内外空气负离子平均浓度日变化图（图 5-3）可以发现，林地内外空气负离子平均浓度的日变化规律在无风时基本相似，林地边缘的空气负离子日平均浓度为 621 个/cm^3，略高于林分中心的空气负离子日平均浓度 614 个/cm^3。通过分析认为，这是由测量选取的林地边缘森林层次完善、植被种类丰富造成的（Liu et al.，2013）。

对比 2012 年、2013 年和两年平均空气负离子浓度日变化图（图 5-4），结合在两年的实测中了解到当地政府和林区共同贯彻和落实 2011 年黑龙江省颁布的《大小兴安岭林区生态保护与经济转型规划（2010—2020 年）》，明晰 2013 年林地空气负离子浓度日变化水平大于 2012 年林地空气负离子浓度日变化水平是因为 2013 年漠河北极村附近的森林林地面积和林地质量要高于 2012 年的同期水平。但由于测量时气象因素的干扰程度不同，这两年测量数据具有一定差异性。在日后的研究中需要深入探索和发现这些干扰因素与空气负离子浓度之间的关系。

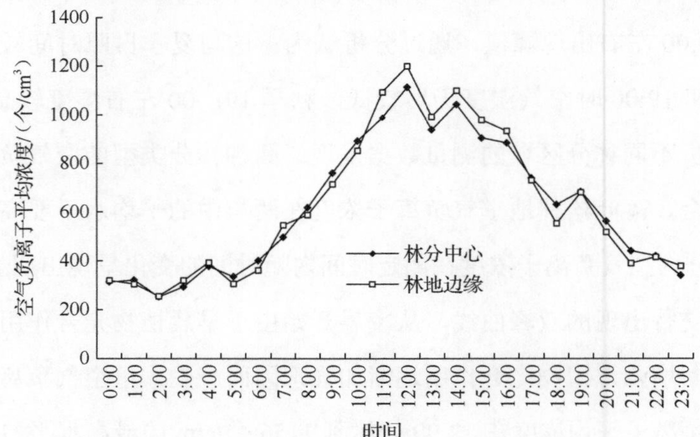

图 5-3 针叶林林地内外空气负离子平均浓度日变化

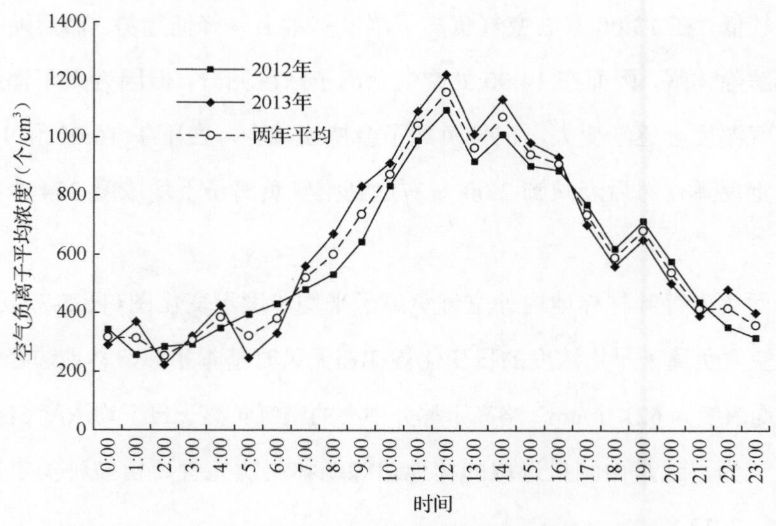

图 5-4 2012 年、2013 年和两年空气负离子平均浓度日变化

5.1.2 针叶林空气负离子浓度与环境因子的关系

为研究空气负离子浓度与温度、湿度的关系，采用 SPSS 软件进行相关性分析，结果如表 5-1 所示。由表可知，2012 年和 2013 年的空气负离子浓度与温度在

0.01 水平上极显著相关，与湿度在 0.05 水平上显著相关。

表 5-1　空气负离子浓度与温度、湿度的相关关系

项目	空气负离子浓度与温度	空气负离子浓度与湿度
2012 年相关系数	0.611**	−0.437*
2013 年相关系数	0.777**	−0.481*
显著性水平	0.01	0.05

**代表极显著相关，*代表显著相关

为进一步分析空气负离子浓度与温度、湿度的量化关系，根据林内空气负离子浓度与温度和湿度的监测数据，利用 SPSS 软件分别对 2012 年和 2013 年空气负离子浓度和温度、湿度的测量数据进行汇总后，作拟合回归分析。

2012 年拟合方程为

$$y=54.117x_1-22.325x_2+628.258 \tag{5-1}$$

式（5-1）为 2012 年漠河北极村附近林地空气负离子拟合曲线，其中，y 为空气负离子数量，x_1 为温度，x_2 为湿度。负相关系数（R）为 0.759，判定系数（R^2）为 0.576，调整后的判定系数（Adjusted R^2）为 0.536。

2013 年拟合方程为

$$y=60.119x_1-4.778x_2-446.999 \tag{5-2}$$

式（5-2）为 2013 年漠河北极村附近林地空气负离子拟合曲线，其中，y 为空气负离子数量，x_1 为温度，x_2 为湿度。负相关系数（R）为 0.781，判定系数（R^2）为 0.609，调整后的判定系数（Adjusted R^2）为 0.572。

从这两个拟合方程中可以看出，空气负离子数量与温度呈显著的正相关关系，与湿度存在着显著的负相关关系。

为进一步研究空气负离子浓度与温度、湿度的关系，将 2012 年和 2013 年漠河北极村附近林地内所测得的空气负离子平均浓度、温度和湿度的监测数据按照年份分别进行统计，得出空气负离子平均浓度和空气温度、湿度的日变化情况，如图 5-5～图 5-8 所示。鉴于测量时受到的风的作用不显著，因此忽略其对空气负离子浓度的正向作用（邵海荣等，2005）。

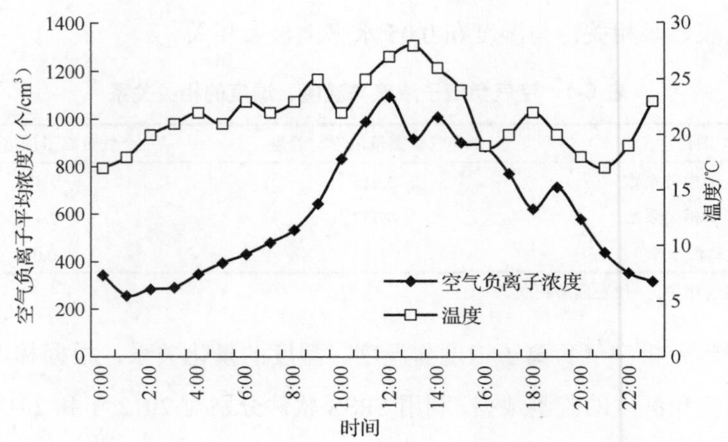

图 5-5　2012 年空气负离子平均浓度日变化与温度的关系

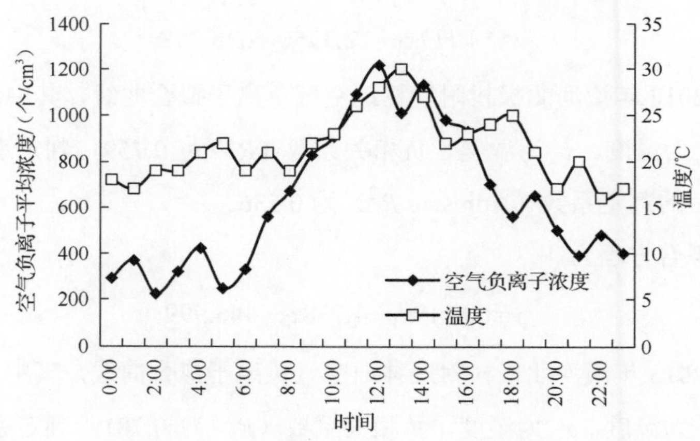

图 5-6　2013 年空气负离子平均浓度日变化与温度的关系

根据 2012 年和 2013 年空气负离子平均浓度日变化与温度的关系图（图 5-5、图 5-6），在漠河北极村附近林地的空气负离子浓度大体上随温度发生正向变化。根据空气负离子浓度与温度、湿度的相关关系（表 5-1）可知，2012 年和 2013 年空气负离子平均浓度日变化与空气温度相关性为极显著，因此可以忽略空气负离子浓度随温度发生的负向变化。

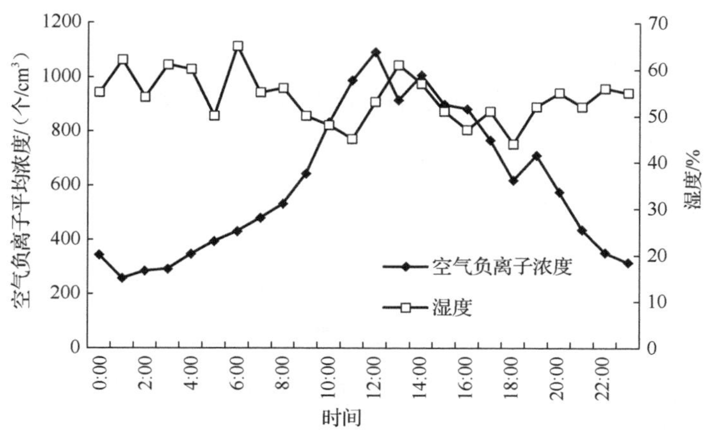

图 5-7　2012 年空气负离子平均浓度日变化与湿度的关系

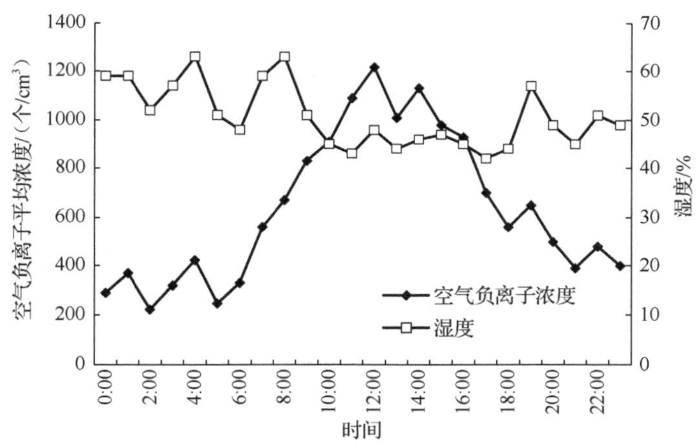

图 5-8　2013 年空气负离子平均浓度日变化与湿度的关系

根据 2012 年和 2013 年空气负离子浓度日变化与湿度的关系图（图 5-7、图 5-8），漠河北极村附近林地的空气负离子浓度日变化曲线在一定程度上是随湿度的升高而降低，随湿度的下降而升高。根据空气负离子浓度与温度、湿度的相关关系（表 5-1）可知，空气负离子浓度在一定程度上随湿度发生负向变化，空气负离子浓度与湿度相关性为显著。

5.2 漠河空气负离子空间分布特征研究

5.2.1 空气负离子空间分布分析

本章所使用的调查数据并不能覆盖漠河全境，无法直接进行计算来反映漠河地区的总体空气负离子分布特征，通过所得到的地类空气负离子平均值，在 ArcGIS 10.2 中，对各地类进行赋值，并转为点，进行空间插值，以此来提高插值预测精度。具体步骤如下。

（1）获取各地类的空气负离子平均浓度范围；

（2）利用 ENVI（完整的遥感图像处理平台）对漠河市的土地利用现状进行分析，划分出各个地类，分别为：建筑物、林地、水域、草地、湿地及其他，分类结果如图 5-9 所示；

（3）将分类结果进行矢量化，转为面状要素；

（4）进行面状地物的筛选，剔除面积较小的面域；

（5）利用 Data Management 中的要素转点功能，将面域转化为点，并根据地类信息赋予其对应的平均浓度范围中的数据，转化为点状数据。

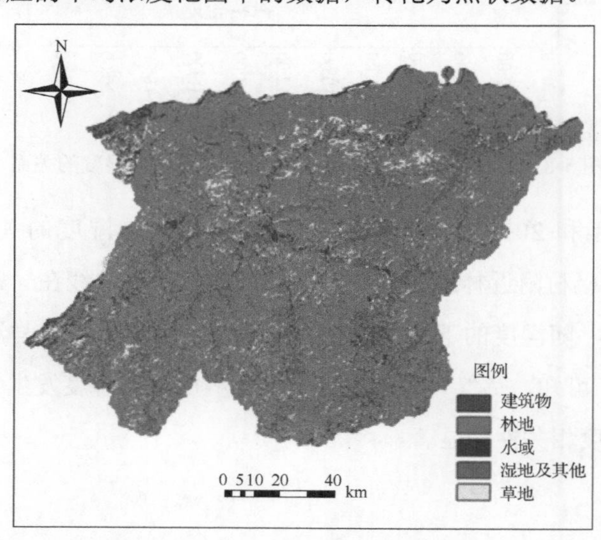

图 5-9 漠河市土地利用图（见书后彩图）

5.2.2　空气负离子插值模拟

为了研究漠河市的空气负离子空间分布特征，利用 ArcGIS 10.2 中 Spatial Analyst 的插值分析工具对点位数据进行空间插值分析，选取的插值模型为趋势面插值法和克里金插值法。

采集的数据为 2013 年 5 月和 2016 年 5 月的野外空气负离子数据，这时期气候适宜度较高。应用 ArcGIS 10.2 软件中 Spatial Analyst 工具中的插值分析工具进行空间分析。在选取这两种插值方法进行插值模拟之前，首先对两种方法的预测误差进行估算。利用 ArcGIS 10.2 中的 Geostatistical wizard 工具，对实验区模拟的空气负离子数据进行插值误差估算，结果如表 5-2 所示。

表 5-2　插值误差估算

时间	平均值/（个/cm^3）	标准差	克里金插值法		趋势面插值法	
			ME	RMSE	ME	RMSE
5 月	752.62	149.36	13.84	167.82	11.46	138.74

对比表 5-2 中的预测误差能够看出，趋势面插值法的平均误差要低于克里金插值法的平均误差。考虑趋势面插值法比较容易受到极值的影响，插值过程中会出现与周围数据孤立的情况，不利于反映空间特征。而克里金插值法则能够更好地兼顾与周边点位的关系，从而得出较平滑的模拟预测效果。为了通过可视化的角度来观察两种插值的效果，绘制了空气负离子插值分布图（图 5-10）。

对比图 5-10 中的插值效果，趋势面插值法的结果色彩的过度要更为均匀，不同空气负离子浓度的分布对比较为明显，可以明显地看出各地区空气负离子的分布特征，不同时段的对比也要更为明显；而克里金插值法结果图中，虽然能够在漠河市中心看出空气负离子的空间变化，但是由于色彩的对比不够明显，较多的地物被分在了一个空气负离子等级，不能反映出细部的空间特征。因此，在进行空气负离子时空分析时，采用趋势面插值法更为适宜。

根据图 5-10，结合漠河市的土地利用数据，能够得出空气负离子时空变化的如下信息：

总体上看，漠河市中部和西部的建筑物集中区域空气负离子浓度较低；北部、西北、西南部边界区域，即地物类型为林地的区域，空气负离子浓度较高。

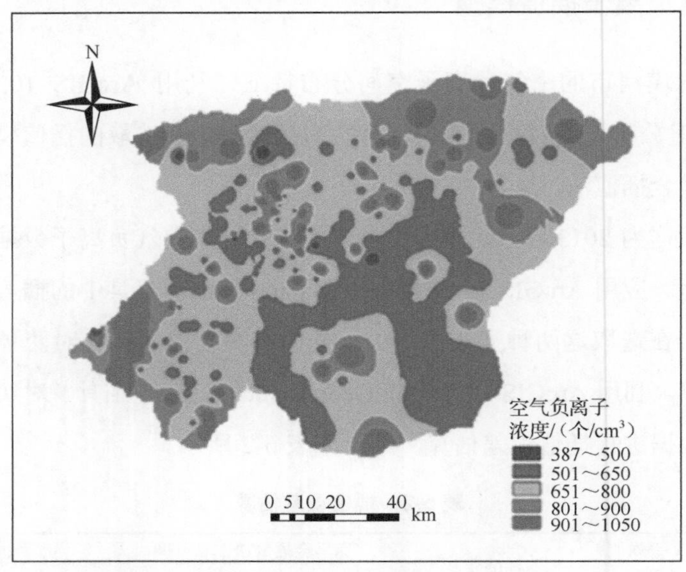

（a）趋势面插值法

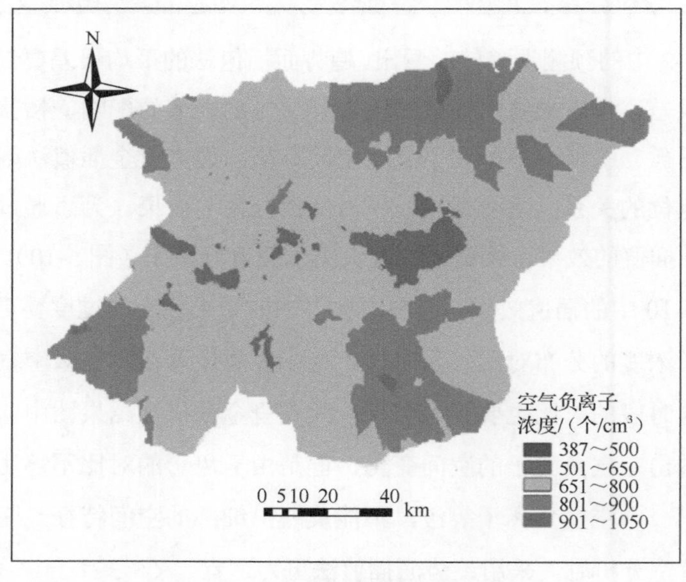

（b）克里金插值法

图 5-10 空气负离子插值分布图（见书后彩图）

可以看出中部区域和西部地区建筑区空气负离子浓度远低于其他部分，这说明了人类活动对于空气质量的影响较大，导致建筑区的空气质量有所下降。

比对漠河市的土地利用数据发现，东南部的空气负离子浓度较高，北部空气负离子浓度也相对处于较高水平，此部分地区为草地和林地，考虑其变化与植被的生长周期有关。

从表 5-2 的结果能够看出，趋势面插值法的平均误差要小于克里金插值法的平均误差，其均方根误差也小于克里金插值法。从误差比较上来看，采用趋势面插值法分析效果更好一些。因此，结合趋势面插值法，对漠河市的空气负离子浓度进行等级评价，从而掌握漠河地区的总体空气质量。

5.3　基于 TM 数据的漠河市森林空气负离子反演研究

5.3.1　野外数据获取与处理

本次实验的时间选取为 2011 年 8 月中旬，夏季是大兴安岭一年中植被生长最为旺盛、光合作用最强的时期，这些都为空气负离子的测量提供了良好的条件，因此空气负离子的测量季节选在夏季。本次实验区的林种主要有针叶林和阔叶林，实验以针叶林、阔叶林、混交林、草地、湿地等类别为依据进行样地选择，以大片的林区、湿地、草地为主，其中对于林区空气负离子的测量要求距离林缘 10m 处定点，测量仪器离地面高度均为 1.5m，测量人员距测量仪器 2m。使用 GPS 测定经度、纬度及海拔；利用 COM3200PRO 空气负离子检测仪测量正、负离子的浓度，温度和湿度；记录采样地周围的地形。由于实验数据的采集点设距林缘 10m 处，且选择晴朗无风的天气，故可以忽略天气、雾、环境污染等因子对负离子的影响。

在数据采集期间，每天 8:00～16:00 对各调查样点进行测定，各样点测定时间在一天内尽量分布均匀，由于选在进入林内 10m 处测量，故可以不考虑风速与风向的影响；每两秒记录一次数据，每次测量 5～10min。该仪器可以与电脑相连，数据文件名默认为测量时的时间，测量同时对周围的环境进行记录并附上照片，照片以样点编号进行命名。

5.3.2 内业实验数据处理

漠河县（现漠河市）的地域范围约有 1.8 万 km^2，单幅 TM 数据不能覆盖漠河县全境，使用 2011 年 8 月中旬的 3 幅 TM 影像覆盖整个漠河县。本章使用 ENVI 4.7 软件中的 Moasic 功能，对漠河县 8 月中旬的 3 幅 TM 影像进行拼接，图像拼接要保证影像的几何精度和颜色一致，几何误差控制在一个像元之内。

在对 3 幅 TM 影像拼接之后，依照已有的漠河县行政区域的边界矢量图对拼接后的 TM 影像进行裁剪。在裁剪之前，需要把漠河县行政区的边界矢量数据在 ENVI 4.7 软件下转换成 ROI 格式，再利用 Data preparation 下的 Subset image 对其进行裁剪，如图 5-11 所示。

图 5-11　2011 年漠河县遥感影像图

5.3.3 影响因子分析及植被指数提取

1. 影响森林空气负离子浓度的主要因子

（1）温度与湿度。

普遍的研究认为，温度的升高会降低空气中负离子的浓度，空气中湿度的升高会使空气负离子的浓度也随之升高，空气负离子浓度与温度呈显著负相关关系，与湿度呈显著正相关关系（吴际友等，2003；吴楚材等，2001）。

同时也有很多学者得出不同的结论：空气负离子浓度与温度成正相关关系，与湿度成负相关关系（邵海荣等，2000）。森林生态系统中，负离子浓度在环境温度为 17～30℃时与温度呈负相关关系，在湿度为 60%～96%时与湿度呈正相关关系（季玉凯等，2007）。

（2）林分。

林分对空气负离子的影响主要体现在林分类型、郁闭度和树龄三方面，且林分的生命力越旺盛，其空气负离子浓度越高（吴楚材等，1998b）。学者通过大量研究表明，不同树种之中所测得的空气负离子浓度是不一样的。邵海荣等（2000）通过大量的实验得出，在针叶林中所测的空气负离子浓度要略高于阔叶林，其主要原因是针叶树的“尖端放电”效应要强于阔叶林。还有研究认为，除空气负离子浓度峰值不同外，针叶林和阔叶林中空气负离子浓度没有明显差异（王洪俊，2004）。

不同的林分结构对空气负离子的浓度有较大的影响，对于单一树种的林木，乔木层下的地表物越多空气负离子浓度越高（邵海荣等，2005）。乔灌草复层结构的空气负离子浓度要高于灌草和草坪（王洪俊，2004）。

（3）风、雾、太阳辐射。

叶彩华等（2000）的研究表明，空气负离子浓度与太阳辐射呈正相关关系；还得出结论：北京地区的空气负离子浓度与日平均风速呈正比。空气中负离子浓度会受到阵风的影响，当有阵风时，空气的摩擦会加剧，会促使负离子的生成，空气中负离子的数量就会增多，但不同的研究往往会得到不同的结论，邵海荣等（2000）认为空气负离子浓度与风速呈负相关关系。陈佳瀛等（2006）研究认为，空气负离子浓度与下垫面风速相关性不大。雾对空气负离子也有显著影响，雾越大，空气负离子浓度越低，二者呈负相关关系（李秀增等，1992）。

（4）水体。

水分子的高速运动会导致水分子裂解产生空气负离子，所以水体会对周围的空气负离子浓度产生很大的影响，在不同类型的水体中，瀑布、喷泉附近空气负离子浓度要高于其他类型的水体（Reiter，1985）。瀑布周围的空气负离子浓度大于跌水，跌水大于溪流（吕健等，2000；钟林生等，1998）。距离水体的远近也会对空气负离子浓度有较大的影响，离水体越远空气负离子浓度越低（厉曙光等，2002）。静态水附近空气负离子浓度明显低于动态水，一般每立方厘米空气中只有几百个负离子（吴楚材等，2001）。

（5）环境污染。

环境污染会严重影响空气中负离子的浓度，其原因是人的活动、工业废气和汽车尾气等的排放会增加空气中烟雾、粉尘的含量，这些物质会吸附负离子，导致负离子消亡。相关研究认为，空气负离子浓度与环境污染程度呈负相关关系（姚素莹等，2000；林忠宁，1999）。空气中悬浮物颗粒、CO_2的浓度、各种废气的浓度均与负离子浓度呈显著的负相关关系（孙雅琴等，1992；Daniell et al.，1991）。

2. 反演因子的选取

通过对国内外的大量相关文献的研究可知，在森林这个大的生态系统中空气负离子浓度与众多的环境因子有着很强的联系，空气负离子浓度会受多个环境因子的综合影响。关于环境因子对空气负离子浓度的影响程度，王淑娟等（2008）运用灰色关联度分析方法进行了实验，求算不同生境因子与空气负离子浓度的灰色关联系数，结果为：相对湿度＞温度＞风速＞光量子＞可吸入颗粒物。

本章采样点的选取均以典型的、大片的林区、湿地、草地为主，要求进入林区 10m 定点，且均选择晴朗无风天气进行测量，故可以排除风向、风速、雾对测量工作的影响，以保证所测空气负离子浓度的准确性。漠河市大部分地区为林区，植被覆盖率较高，且人口较少，人为活动较少，由于森林对空气有着很强的净化能力，大多数可吸入颗粒物被森林净化，空气中可吸入颗粒物浓度较小，所以可吸入颗粒物对负离子浓度的影响可以忽略不计。

众多的研究可以证实温度和湿度对空气负离子浓度有着很强的影响，王淑娟等（2008）研究表明，温度与相对湿度对空气负离子的影响程度大于光量子，故本章选取温度与湿度作为反演负离子浓度的主要因子。

3. 植被指数计算

植物的光谱特征与其他地物有很明显的区别，在遥感影像上较容易区分植物和其他地物，植物的生长期不同，它的光谱特征也会不一样，这主要是因为不同生长期的叶片叶绿素含量不同。当植物受到病虫害与水分亏缺时，叶片的光谱特性也会有相应的变化（王桥等，2005）。每种植物都有其自身的波谱特征，利用这一特点可以区分植物的种类，同时也可以对长势和生物量进行估算。

健康植物的波谱曲线有明显的特点。植物的叶绿素对紫光、蓝光和红光有较强的吸收作用，对绿光的吸收较弱。植物的波谱曲线在 0.55μm 处有一个小反射峰，在 0.33～0.45μm 及 0.65μm 处有两个吸收谷；在 0.8～1.3μm 处对近红外光有强烈的反射作用，在 1.45～1.95μm 和 2.6～2.7μm 处有两个吸收谷。

（1）归一化植被指数。

绿色植物的叶绿素和叶内组织对近红外波段有较强的反射性，对可见光的红光波段具有较强的吸收性。对同一植物而言，可见光红光波段和近红外波段的波谱响应完全相反，这能够较好地反映植被的长势和生物量。常用的植被指数为归一化植被指数（normalized difference vegetation index，NDVI）。归一化植被指数的计算公式为

$$\mathrm{NDVI}=(\mathrm{DN}_{\mathrm{NIR}}-\mathrm{DN}_{R})/(\mathrm{DN}_{\mathrm{NIR}}+\mathrm{DN}_{R}) \tag{5-3}$$

式中，$\mathrm{DN}_{\mathrm{NIR}}$为近红外波段的反射率；$\mathrm{DN}_{R}$为红光波段的反射率。

NDVI 的值域为-1～1。植被覆盖率较高的区域，NDVI＞0；裸地和岩石在可见光红波段和近红外波段的反射率比较接近，故 NDVI 值接近于 0；水体在近红外波段的反射率要低于可见光红波段，NDVI＜0。所以 NDVI 是反映植被覆盖率的最佳因子。

根据以上模型，获取漠河市归一化植被指数图，如图 5-12 所示。

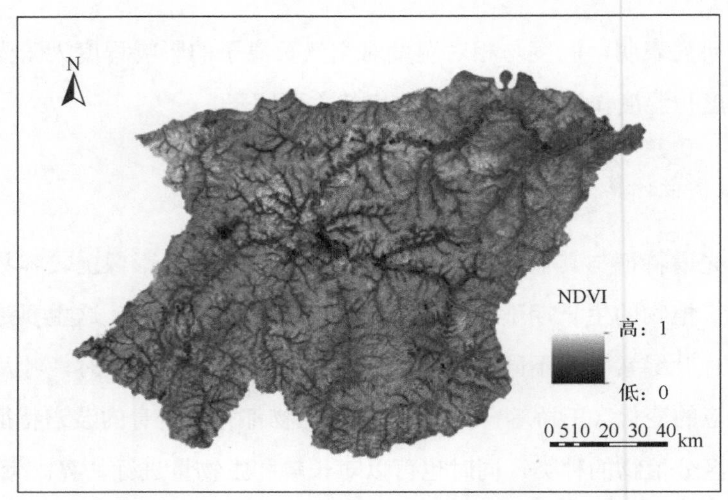

图 5-12　漠河市归一化植被指数图

从图 5-12 可知，研究区 NDVI 与实际区域的情况基本相符。NDVI 值比较高的区域为植被覆盖率较高的区域，NDVI 值比较低的区域为居民区、空地、道路、水体和裸土区，其中水体的 NDVI 值为 0。

（2）归一化水汽指数。

归一化水汽指数（normalized difference moisture index，NDMI）主要利用近红外波段与短波红外波段的差异获得（Hardisky et al.，1983）。与 NDVI 相比，NDMI 是利用近红外波段和短波红外波段之间的运算值作为指数，因为绿色植物对短波红外波段并没有明显的波普响应，所以以短波红外波段作为指数在生物物理方面较难解释清楚（McDonald et al.，1998）。用 NDMI 值可以估算植被水分含量，其原因是：对绿色植物来说，叶绿素对近红外波段具有最大的反射率，短波红外波段是水的吸收波段（Cibula et al.，1992；Hunt et al.，1987）。植被的含水量与植被的覆盖率、林分结构有关，Hunt 等（1987）通过研究认为，Landsat TM 遥感影像中，第 5 波段干叶面的反射率几乎与第 4 波段相等，认为第 4 波段与第 5 波段新鲜叶面之间差异等于该叶面的水分吸收率。与 NDVI 比较，NDMI 与冠层水分含量的相关性较高，在表达植物生物量和水压方面比 NDVI 具有更加一致的轨迹变化（Hardisky et al.，1983）。

归一化水汽指数的计算公式为近红外波段与短波红外波段数值之差与这两个波段数值之和的比值，即

$$\mathrm{NDMI} = (\mathrm{DN}_{\mathrm{NIR}} - \mathrm{DN}_{\mathrm{SIR}}) / (\mathrm{DN}_{\mathrm{NIR}} + \mathrm{DN}_{\mathrm{SIR}}) \quad (5\text{-}4)$$

式中，$\mathrm{DN}_{\mathrm{NIR}}$为近红外波段的反射率，$\mathrm{DN}_{\mathrm{SIR}}$为短波红外波段的反射率。NDMI 值域范围为 0～1，NDMI 值接近于 1 对应着水汽含量高的植被冠层、水体等地表物质，NDMI 值接近于 0 对应着岩石、道路、屋顶等表面水汽含量低的地表物质。

根据以上模型，获取漠河市归一化水汽指数分布图，如图 5-13 所示。

图 5-13　漠河市归一化水汽指数分布图

5.3.4　地表温度反演过程

1. 地表温度反演的理论基础

地表温度（land surface temperature，LST）能够反映地-气系统的相互作用，是重要的地球物理参数。这个参数被广泛应用于天气预报、灾害监测、水文学、生态学等领域。当物体的温度高于绝对零度时，就会向外发射红外辐射，发射的红外辐射集中在中远红外区（＞3μm），物体本身的性质和温度决定向外的辐射量。

人们可以通过卫星和飞机携带的传感器接收 3～5μm 和 8～14μm 两个大气窗口透过的热红外辐射，利用接收的信息来推导其他地表参数。

反演地表温度的方法很多，利用热红外辐射来反演地表温度是以热辐射四大定律（李小文等，2001）为基础的。

（1）普朗克定律。

在温度确定的条件下，黑体的辐射率为

$$M_\lambda = \frac{c_1}{(e^{\frac{c_2}{\lambda T}} - 1)\lambda^5} \tag{5-5}$$

式中，$c_1 = 3.74 \times 10^{-16}\,\mathrm{W \cdot m^3}$；$c_2 = 1.44 \times 10^{-2}\,\mathrm{m \cdot K}$；$\lambda$ 表示波长，以 m 为单位；T 表示绝对温度，以 K 为单位。

当给定温度时，波长不同对应光谱出射率也是不同的，随波长的变化而变化；当温度升高时，M_λ 值会变大，光谱的辐射能力会变强。

（2）基尔霍夫定律。

1860 年，基尔霍夫通过实验得出：当温度确定时，黑体的辐射率 M_λ会随着吸收率 α_λ 的变化而变化，其比值是一个函数，这个普适函数与物体的性质无关，表达式为

$$\frac{M_\lambda}{\alpha_\lambda} = f(\lambda, T) \tag{5-6}$$

式中，M_λ 为物体对波长 λ 的辐射出射度；α_λ 为物体对波长 λ 的吸收率。物体的发射能力越强，吸收能力就越强，黑体的吸收率为 1。

（3）维恩位移定律。

对式（5-5）进行微分处理，并对黑体的辐射率求极值，得到极值对应的波长（λ_{nax}）：

$$\lambda_{\mathrm{nax}} = \frac{2898}{T} \tag{5-7}$$

式中，λ_{nax} 的单位为 μm 。

由上式可知，黑体的辐射率峰值对应的波长与绝对温度成反比。

（4）斯蒂芬-玻尔兹曼定律。

对式（5-5）进行积分处理，得出单位面积上黑体的总辐射通量密度：

$$M^0 = \frac{2\pi^\delta k^4}{15c^2h^3}T^4 = \sigma T^4 \tag{5-8}$$

式中，k 为波尔兹曼常数；h 为普朗克常量；c 为光速；σ 为斯蒂芬-玻尔兹曼常数，$\sigma = 5.669\times10^{-12}\cdot\mathrm{K}^{-4}$ 。

由式（5-8）可知，黑体的总辐射通量密度是温度的四次方的函数，温度的细微变化都会造成出射率巨大的变化。

2. *地表温度反演方法*

因为 Landsat-5 TM 影像仅一个热红外波段（TM6），所以利用 Landsat-5 TM 影像反演地表温度只能采用单通道算法。单通道算法需要大气在水平和垂直方向上的温度和水汽含量等参数，算法有三种：普适性单通道算法、单窗算法和辐射传导方程法。

（1）普适性单通道算法。

由 Jiménez-Munoz 和 Sobrlno（Jiménez-Munoz et al.，2003）提出的普适性单通道算法的计算公式为

$$T_S = \gamma\left[\varepsilon^{-1}\left(\varphi_1 L_{\text{sensor}} + \varphi_2\right) + \varphi_3\right] + \delta \tag{5-9}$$

式中，T_S 为地表温度；L_{sensor} 为热辐射亮度；ε 为地表比辐射率；γ 、φ_1 、φ_2 、φ_3 和 δ 为中间变量，其计算公式如下：

$$\gamma = \left[\frac{c_2 L_{\text{sensor}}}{T_{\text{sensor}}^2}\left(\frac{\lambda^4}{c_1}L_{\text{sensor}} + \lambda^{-1}\right)\right]^{-1} \tag{5-10}$$

$$\delta = -\gamma L_{\text{sensor}} + T_{\text{sensor}} \tag{5-11}$$

$$\varphi_1 = 0.14714w^2 - 0.15583w + 1.1234 \tag{5-12}$$

$$\varphi_2 = -1.1636w^2 - 0.37607w - 0.52694 \tag{5-13}$$

$$\varphi_3 = -0.04554w^2 + 1.8719w - 0.39071 \tag{5-14}$$

式中，c_1 和 c_2 为普朗克函数的常量，$c_1 = 1.19104 \times 10^8 [\mathrm{W/(m^2 \cdot sr \cdot \mu m)}]$，$c_2 = 14387.7(\mu\mathrm{m} \cdot \mathrm{K})$；$w$ 为大气剖面总水汽含量 $(\mathrm{g/cm^2})$；T_{sensor} 为亮度温度(K)；λ 表示有效作用波长（TM6 的有效作用波长为 11.457μm）。

（2）单窗算法。

由于大气轮廓线的数据不易获取，覃志豪等（2001）基于辐射传导方程法建立不依靠大气轮廓线数据的单窗算法（mono-window algorithm)。其算法表达式为

$$T_S = \frac{1}{c}\left[a(1-C-D) + (b(1-C-D) + C + D)T_{\mathrm{sensor}} - DT_a\right] \tag{5-15}$$

式中，T_S 为地表温度，单位为 K；T_a 为大气平均作用温度，单位为 K；a、b 为常量，a=−67.355351，b=0.458606；C、D 是中间变量，$C=\varepsilon t$，$D=(1-t)[1+(1-\varepsilon)t]$；$T_{\mathrm{sensor}}$ 为亮度温度，单位为 K。

（3）辐射传导方程法。

辐射传导方程（radiative transfer equation，RTE）法的表达式可写为

$$I_{\mathrm{sensor}} = \left[\varepsilon B(T_S) + (1-\varepsilon) I_{\mathrm{atm}} \downarrow\right]\tau + I_{\mathrm{atm}} \uparrow \tag{5-16}$$

式中，I_{sensor} 为热辐射强度；τ 为大气透射率；ε 为地表比辐射率；$B(T_S)$ 为用 Plank 函数得出的黑体热辐射强度；T_S 为地表温度；$I_{\mathrm{atm}} \downarrow$ 和 $I_{\mathrm{atm}} \uparrow$ 分别为大气的下行和上行热辐射强度。

$I_{\mathrm{atm}} \downarrow$、$I_{\mathrm{atm}} \uparrow$ 和 τ 可以通过同步观测的无线电探空数据输入大气校正模型 MODTRAN 得出。只要知道地表比辐射率，就可以由式（5-16）求解 $B(T_S)$，通过推导得出地表温度：

$$T_S = \frac{K_2}{\ln\left[1 + \dfrac{K_1}{B(T_S)}\right]} \tag{5-17}$$

式中，K_1、K_2 均为常量，$K_1 = 607.76[\mathrm{W/(m^2 \cdot sr \cdot \mu m)}]$，$K_2 = 1260.56\mathrm{K}$。

通过查阅文献及具体的实验比较上述的三种算法，结果表明辐射传导方程法的物理原理清晰，所需参数不需要进行实地测量，只需要卫星经过时的大气剖面数据。同时，单窗算法和普适性单通道算法需要大气水分含量参数，该参数对地表温度反演具有重要作用。基于以上分析，我们采取辐射传导方程法来反演地表温度，其流程如图 5-14 所示。

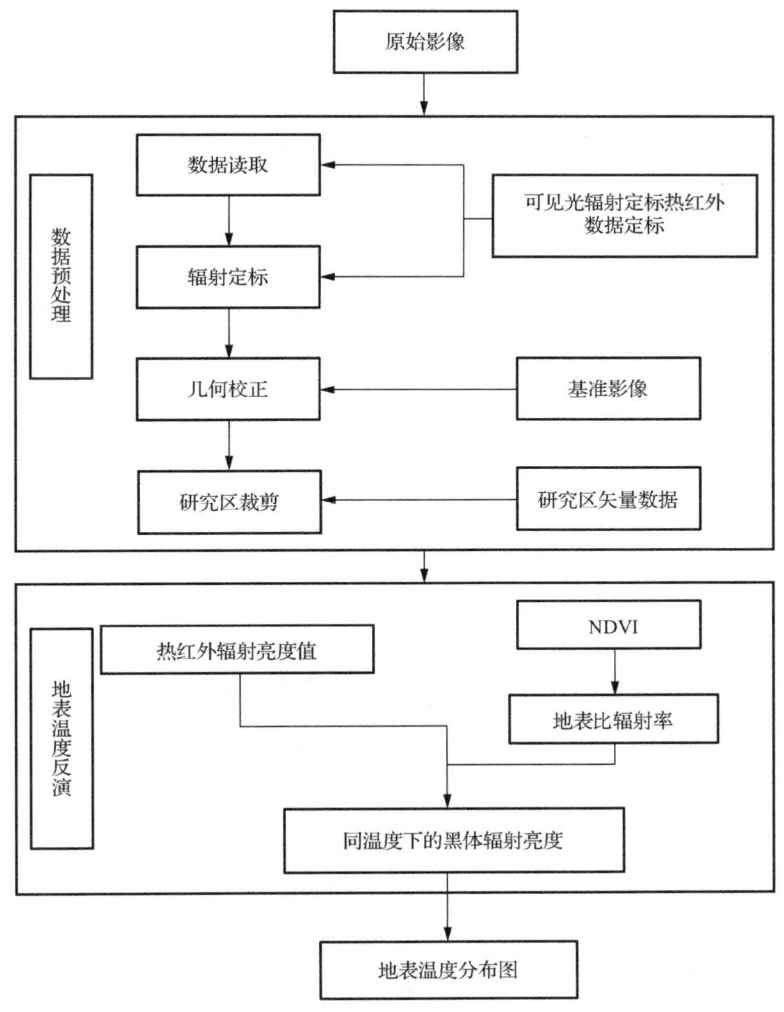

图 5-14　辐射传导方程法反演地表温度流程图

5.3.5 地表温度反演参数计算

1. 辐射亮度值

辐射亮度值是表示面辐射源上某点在一定方向上的辐射强弱的物理量。首先把 Landsat TM 遥感影像的 TM6 波段的数字量化值（digital number，DN）转化为相应的热辐射亮度，即辐射定标。

Landsat 卫星有相应的功能可以把 DN 转化为相应的热辐射亮度。因此，对 TM 影像，依据 Landsat 提供的辐射校正公式，将接收到的热辐射亮度与 DN 之间进行转化，关系式如下：

$$L_{\text{sensor}} = (L_{\max} - L_{\min}) / 255 \times \text{DN} + L_{\min} \quad (5\text{-}18)$$

式中，L_{sensor} 为热辐射亮度，单位是 $\text{W} / (\text{m}^2 \cdot \mu\text{m} \cdot \text{sr})$；DN 是 TM6 波段像元亮度值；$L_{\max}$、$L_{\min}$ 分别为对应于 $\text{DN} = 255$、$\text{DN} = 0$ 的最大、最小辐射亮度，$L_{\max} = 15.3032$、$L_{\min} = 1.2378$，单位为 $\text{W} / (\text{m}^2 \cdot \mu\text{m} \cdot \text{sr})$。

对于 Landsat，辐射亮度与 DN 的关系可以进一步简化为

$$L_{\text{sensor}} = 0.1238 + 0.005632156 \cdot \text{DN} \quad (5\text{-}19)$$

利用式（5-19）可算出 TM6 波段的辐射亮度，如图 5-15 所示。

图 5-15　TM6 波段辐射亮度

2. 地表比辐射率的估计

由于地表信息十分复杂，地表比辐射率（land surface emissivity，LSE）会严重影响地表温度反演的精度，因此在反演地表温度时，必须对比辐射率进行准确的计算以保证反演的精度。

地表物体的比辐射率表示地表物体辐射电磁波的能力，它会受到地表物质的组成、表面状态和物理性质的影响，同时比辐射率会随着波长和观测角度的变化而变化。通过研究表明，地表物体比辐射率 0.01 的相对误差会造成地表温度 0.75K 的误差。

针对 TM 数据只有一个热红外波段，不能直接获取比辐射率，可以利用可见光和近红外波段的光谱信息，结合经验和半经验公式求比辐射率。首先是对 TM 影像进行分类处理，大致分为水体、林区、灌草地和居民地等几类，然后提取研究区的植被覆盖率等信息，最后结合实测数据和前人的研究结果对各个地表覆盖类型赋予不同的值，最终得出地表比辐射率（Snyder et al.，1998）。目前，地表比辐射率的计算方法主要有以下 3 种。

（1）Van De Griend 的估算方法。

Van De Griend 等（1993）通过对不同地表类型的热红外（8～14 μm）比辐射率和 NDVI 值进行比较后发现，地表比辐射率和 NDVI 值之间的相关性很高，其相关系数达到 0.94，建立了它们之间的关系模型。

当像元的 NDVI 值在 0.157～0.727 范围时，地表比辐射率的计算公式为

$$\varepsilon = 1.0094 + 0.0147\ln(\mathrm{NDVI}) \tag{5-20}$$

但当 NDVI 值不在 0.157～0.727 范围时，这个公式不适用，需要修正。

（2）Sobrino 的估算方法。

Sobrino 等（2001）通过对不同 NDVI 值下的地表比辐射率进行计算，得出 Thresholds Method-NDVI^{TEM} 模型，该模型的前提条件是地表由裸土和植被构成，像元的 NDVI 值处于不同的值域代表不同的地物信息：

当像元的 NDVI＜0.2 时，此处定义为由裸土覆盖；

当像元的 NDVI＞0.5 时，此处定义为由植被覆盖，以 0.99 赋值；

当像元的 0.2≤NDVI≤0.5 时，此处定义为由裸土和植被混合覆盖。

其比辐射率计算公式如下：

$$\varepsilon = \varepsilon_V P_V + \varepsilon_S (1 - P_V) + d_\varepsilon \tag{5-21}$$

式中，ε 为地表比辐射率；ε_V 和 ε_S 分别为植被和裸土的比辐射率；d_ε 为对地表比辐射率的贡献；P_V 为植被覆盖率，可以用 Carlson 等（1997）提出的方法求得

$$P_V = \left[\frac{\mathrm{NDVI} - \mathrm{NDVI}_{\min}}{\mathrm{NDVI}_{\max} - \mathrm{NDVI}_{\min}} \right]^2 \tag{5-22}$$

其中，$\mathrm{NDVI}_{\max} = 0.5$，$\mathrm{NDVI}_{\min} = 0.2$；当取 $\varepsilon_V = 0.22$、$\varepsilon_S = 0.27$ 时，TM6 波段的地表比辐射率计算方程可简化为

$$\varepsilon_{\mathrm{TM6}} = 0.004 P_V + 0.986 \tag{5-23}$$

（3）覃志豪的估算方法。

覃志豪等（2004）把地表覆盖类型分为三种：自然表面、水体和城镇。水体在这三种地表覆盖类型中最好区分，水体比辐射率值可以赋值为 0.995；城镇像元定义为由不同比例的植被和建筑物组成的混合像元；自然表面的组成比较复杂，可以定义为是由不同比例的植被和裸土所组成的混合像元，其估算公式如下：

自然表面像元：
$$\varepsilon = P_V R_V \varepsilon_V + (1 - P_V) R_S \varepsilon_S + d_\varepsilon \tag{5-24}$$

城镇像元：
$$\varepsilon = P_V R_V \varepsilon_V + (1 - P_V) R_m \varepsilon_m + d_\varepsilon \tag{5-25}$$

式中，P_V 为植被覆盖率；R_V、R_S、R_m 为植被、裸土和建筑的温度比率；ε_V、ε_S、ε_m 是植被、裸土和建筑的比辐射率，取值为：$\varepsilon_V = 0.986$，$\varepsilon_S = 0.972$，$\varepsilon_m = 0.970$。

由 $R_V = 0.9332 + 0.0585 P_V$，$R_S = 0.9902 + 0.1068 P_V$，$R_m = 0.9886 + 0.1287 P_V$，得出如下公式：

$$\varepsilon_{\mathrm{sruface}} = 0.9625 + 0.061 P_V - 0.046 P_V{}^2 \tag{5-26}$$

$$\varepsilon_{\mathrm{build-up}} = 0.9589 + 0.086 P_V - 0.0671 P_V{}^2 \tag{5-27}$$

式中，$\varepsilon_{\mathrm{sruface}}$ 为自然表面的比辐射率；$\varepsilon_{\mathrm{build-up}}$ 为城镇的比辐射率。P_V 按如下公式进行估算：

$$P_V = \left[\left(\mathrm{NDVI} - \mathrm{NDVI}_S \right) / \left(\mathrm{NDVI}_V - \mathrm{NDVI}_S \right) \right]^2 \tag{5-28}$$

其中，取 $\mathrm{NDVI}_S = 0.05$ 和 $\mathrm{NDVI}_V = 0.7$；当像元 NDVI＞0.70 时，P_V 取值为 1；当像元 NDVI＜0.05 时，P_V 取值为 0。

研究区植被覆盖率如图 5-16 所示。

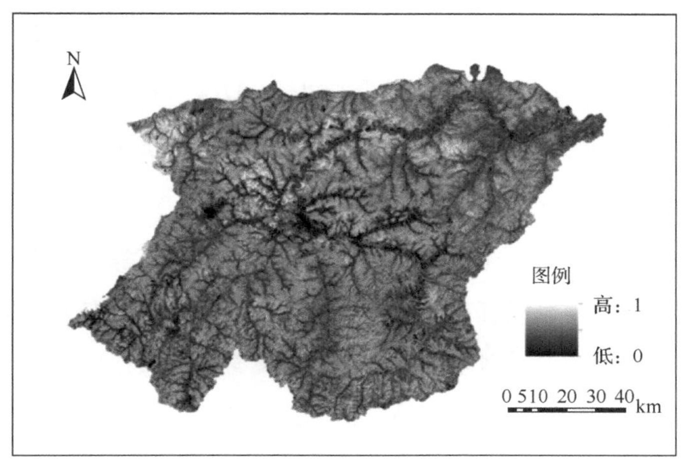

图 5-16　植被覆盖率图

通过对研究区进行目视解译可知，该研究区的地表覆盖类型大概分为城镇、水体与森林。故本章结合 Van De Griend 和覃志豪的估算方法得出比辐射率，如图 5-17 所示。

图 5-17　比辐射率图

3. 相同温度下黑体的辐射亮度值

卫星接收到的热红外辐射亮度值($L\lambda$)主要包含三部分：大气向上辐射亮度 $L\uparrow$，经大气消减后被传感器接收的地表热辐射，大气向下辐射亮度 $L\downarrow$ 经地表反射后再被大气消减后的辐射。温度为 T 的黑体在热红外波段的辐射亮度 $B(T_S)$ 为

$$B(T_S)=\left[L\lambda-L\uparrow-\tau\cdot(1-\varepsilon)L\downarrow\right]/\tau\cdot\varepsilon \tag{5-29}$$

式中，ε 为地表比辐射率；T_S 为地表真实温度；$B(T_S)$ 是普朗克定律推导得出的黑体在 T_S 的辐射亮度；τ 为大气透过率。

对于地表温度的反演，无论是使用劈窗算法还是单窗算法，大气透过率的估算精度都会严重影响地表温度反演的精度，因为地表热辐射在大气中的传导会受大气透射率的影响。大气透射率对反演地表温度有着重要作用，是一个非常关键的参数。许多气象因子或空气中的污染物都会影响大气透射率，如大气中的水分含量、气溶胶含量、O_3、NH_4、CO_2、CO、气温、气压等，这些因素影响大气透射率进而影响热辐射在大气中的传导。大气中的水分含量是影响大气透射率最主要的因素，其他因素对大气透射率的影响较弱。

通过大气模拟可以准确估算出大气透射率，目前比较常用的有 LOWTRAN、MODTRAN 和 6S 等模拟程序。覃志豪等（2003）使用 LOWTRAN 7 模拟程序模拟大气透射率与大气中水分含量的关系，实验认为，热红外波段的大气透射率与大气中水分含量呈反比，依据季节和温度的不同大气透射率的估算方式也会不同，当大气中水分含量在 0.4～3.0g/cm^2 时，大气透射率估算方程如表 5-3 所示。

表 5-3 大气透射率估算方程

大气剖面	大气水分含量 w (g/cm^2)	大气透射率估算方程	相关系数平方
高气温	0.4～1.6	τ =0.974290−0.08007 w	0.99611
	1.6～3.0	τ =1.031412−0.11536 w	0.99827
低气温	0.4～1.6	τ =0.982007−0.09611 w	0.99463
	1.6～3.0	τ =1.053710−0.14142 w	0.99899

Barsi 等（2005）使用美国国家航空航天局（National Aeronautics and Space Administration，NASA）提供的大气校正参数计算器对大气辅助参数进行计算，大气校正参数计算器以美国国家环境预报中心（National Centers for Environmental Prediction，NCEP）公布的全球大气剖面模型为基础，依靠 MODTRAN 辐射传输代码和整体算法对特定点的透过率和大气上下辐射亮度进行计算，误差仅为 3%。此计算器在 NASA 官网直接获取，仅需对影像的成像时间、日期和位置进行输入即可得出结果，大气在热红外波段的透过率 τ=0.65，大气向上辐射亮度 $L\uparrow$ 为 2.28 $W/(m^2\cdot\mu m\cdot sr)$，大气向下辐射亮度 $L\downarrow$ 为 3.60 $W/(m^2\cdot\mu m\cdot sr)$，大气参数图如图 5-18 所示。

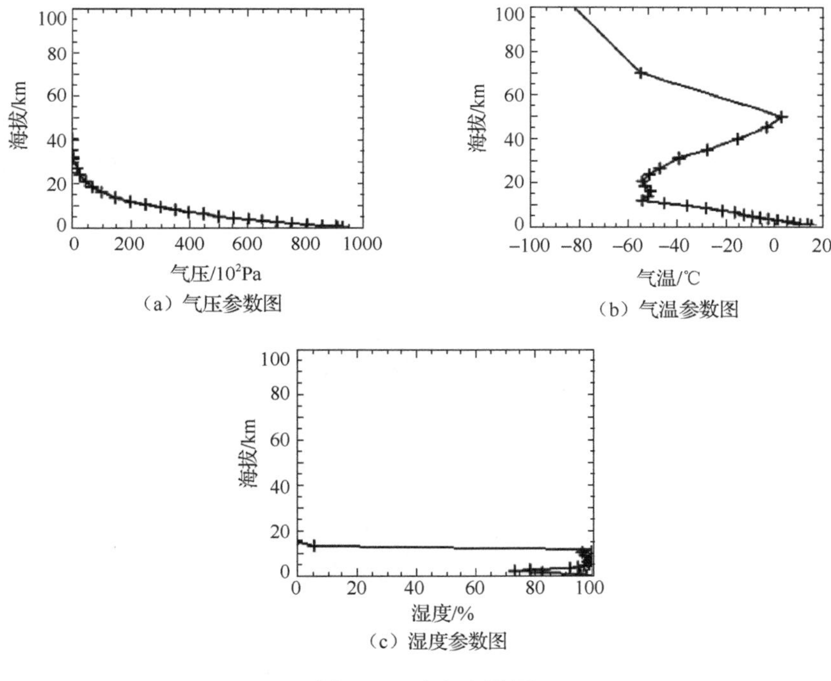

图 5-18　大气参数图

利用式（5-29）得到了温度为 T 的黑体在热红外波段的辐射亮度，如图 5-19 所示。

图 5-19　研究区辐射亮度

4. 反演真实地表温度值

在获取黑体在热红外波段的辐射亮度后，根据式（5-5）求得地表温度，如图 5-20 所示。

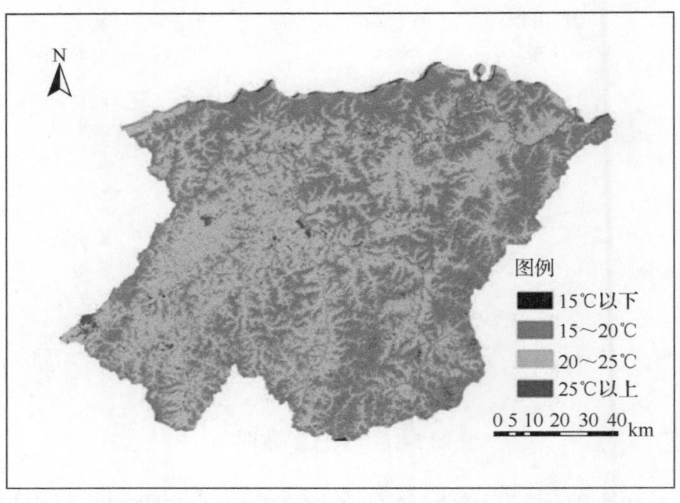

图 5-20　地表温度图

5. 模型的精度检验

本章选取与卫星过境时间相同的 10 组实测数据，对实测值与预测值进行分析比较，之后对模型反演的精度做出定量化的评价。为了定量地对反演精度进行评价，选取均方根误差（RMSE）对精度进行评价。

RMSE 表示实际观测值与预测值偏差的平方和与观测次数 n 的比值的平方根。它可看作评价测量精度的一种指标。RMSE 数值越小，模型的精度越高。其计算公式为

$$\mathrm{RMSE}=\sqrt{\frac{1}{n}\sum_{i=1}^{n}(u_i-\widehat{u}_i)^2} \tag{5-30}$$

式中，u_i 为地表温度实测值；$\widehat{u}_i$ 为地表温度预测值。通过 Excel 进行计算，RMSE 为 1.57，精度较高。

从地表温度实测值与预测值的散点图（图 5-21）中可以看出，地表温度的实测值与预测值在 $y=x$ 处聚集。

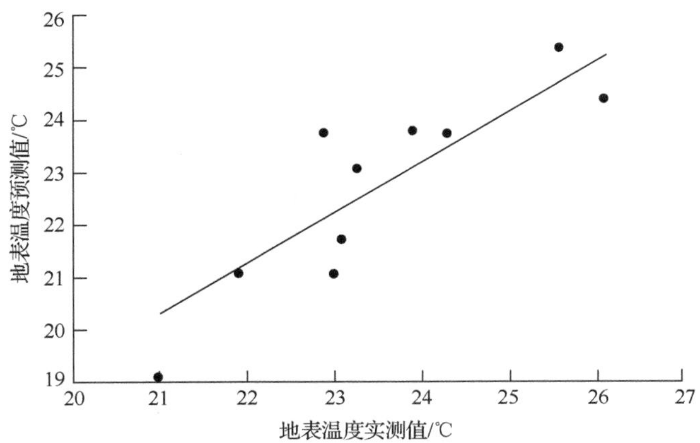

图 5-21　地表温度实测值与预测值散点图

5.3.6 空气负离子浓度反演

1. 反演因子相关性分析

利用 SPSS 统计学软件对环境要素、各波段与空气负离子浓度进行相关性分析。依据前人的研究，空气负离子的浓度与温度和湿度有较强的相关性（吴际友等，2003）。选择温度与湿度因子对空气负离子浓度进行反演，温度因子选用上文反演所得的地表温度（T_S），湿度因子选用与湿度和水分含量相关的 NDMI、TM5 波段与 TM7 波段。

NDMI 值可以用来估计植被水分含量；TM5 波段对应的波长范围为 1.55～1.75 μm，这一波段是水的吸收带，反映含水量敏感性；TM7 波段对应的波长范围为 2.08～2.35 μm，这一波段是水的强吸收带，对地质研究有较大意义。

（1）相关性分析基本理论。

相关分析：测度两种（或多种）事物（现象）间统计关系强弱的一种分析方法。对地理要素之间进行相关分析，可以揭示地理要素之间关系的强弱。

简单相关系数（Pearson 积矩相关系数）用来描述两个变量之间联系的紧密程度，其表达式为

$$r_{xy} = \frac{\sum_{i=1}^{n}(x_i - \overline{x})(y_1 - \overline{y})}{\sqrt{\sum_{i=1}^{n}(x_i - \overline{x})^2 \sum_{i=1}^{n}(y_i - \overline{y})^2}} \tag{5-31}$$

式中，r_{xy} 为关系系数，它表示两个要素之间的相关程度，值域为[-1,1]，当 $0<r_{xy}<1$ 时，两要素正相关；当 $r_{xy}<0$ 时，两要素负相关；r_{xy} 的绝对值越接近于 1，表示两个要素关系越密切；r_{xy} 越接近于 0，表示两要素的关系越不密切。$\overline{x}$ 和 $\overline{y}$ 表示两个要素样本值的平均值：

$$\overline{x} = \frac{1}{n}\sum_{i=1}^{n}x_i\text{，}\quad \overline{y} = \frac{1}{n}\sum_{i=1}^{n}y_i$$

（2）相关分析计算。

本章共采得数据 35 组，选取有效数据 32 组。首先绘制空气负离子浓度与相

关因子的散点图（图 5-22）。

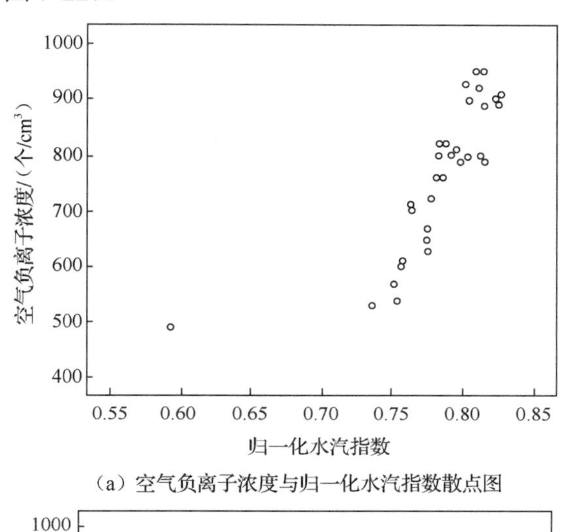

（a）空气负离子浓度与归一化水汽指数散点图

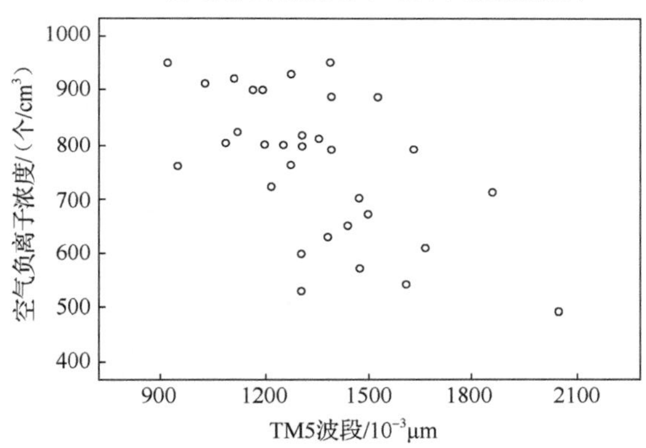

（b）空气负离子浓度与TM5波段散点图

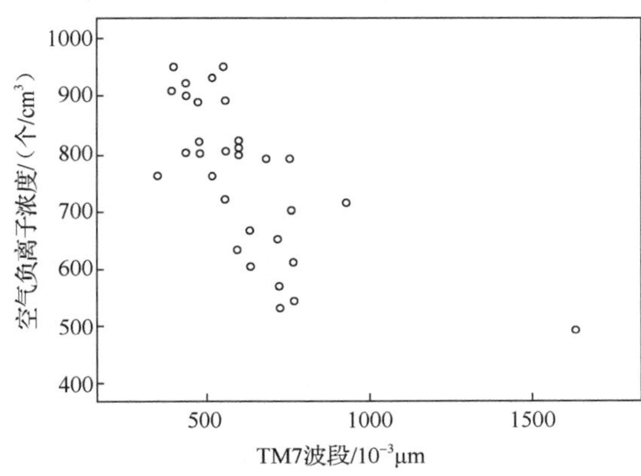

（c）空气负离子浓度与TM7波段散点图

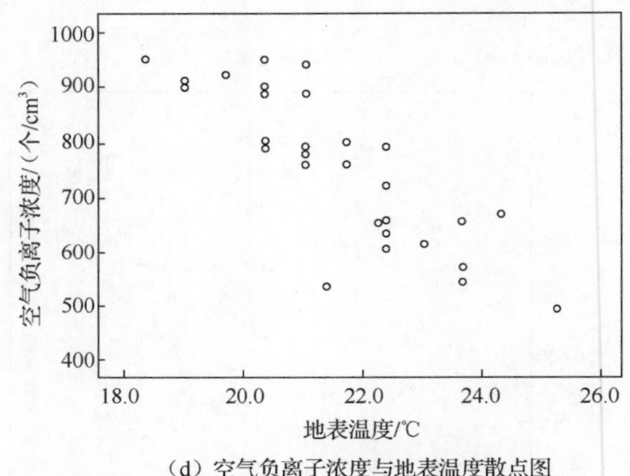

（d）空气负离子浓度与地表温度散点图

图 5-22　空气负离子浓度与相关因子散点图

利用 SPSS 软件对地表温度（T_S）、NDMI、TM5 波段、TM7 波段与空气负离子浓度进行相关分析，得到地表温度（T_S）、NDMI、TM5 波段、TM7 波段与空气负离子浓度的相关系数。空气负离子浓度与 NDMI、T_S 的相关系数要高于其他两项，如表 5-4 所示。

表 5-4　相关因子与空气负离子浓度相关系数

因子	相关系数
NDMI	+0.787
TM5 波段	+0.676
TM7 波段	+0.547
T_S	−0.778

2. 估测模型的建立

1）多元逐步回归分析基本理论

有两个（两个以上）自变量时，自变量可能对因变量的影响不大，当自变量之间不完全独立时，筛选出影响最大的自变量建立回归模型，回归模型的表达式为

$$Y = \beta_0 + \beta_1 X_1 + \beta_2 X_2 + \cdots + \beta_k X_k \tag{5-32}$$

式中，β_0 为回归常数；β_1、β_2、β_k 分别是为自变量 X_1、X_2、X_k 的偏回归系数；回归常数与偏回归系数可通过计算得出。

2）估测模型

在有效的 32 组数据中随机选取 22 组数据用于模型的反演，其余 10 组数据用于模型的检验。首先利用 SPSS 软件对 NDMI、地表温度、TM5 波段、TM7 波段和空气负离子浓度进行逐步回归分析，经分析后，剔除 TM5 波段、TM7 波段，最终得到三组方程。在检验参数中，R^2 为判定系数，R^2 越接近 1，模型的拟合度越高：F 为显著性检验，F 值越大模型的效果越好。其反演结果如下：

（1）地表温度估测空气负离子浓度：通过对地表温度和空气负离子浓度进行一元线性回归分析得出如下方程（5-33），R^2 为 0.605，F 值为 76.592，显著水平为 0.01，如图 5-23 所示。

$$y = 2082.680 - 62.576x \tag{5-33}$$

式中，y 为空气负离子浓度；x 为地表温度。

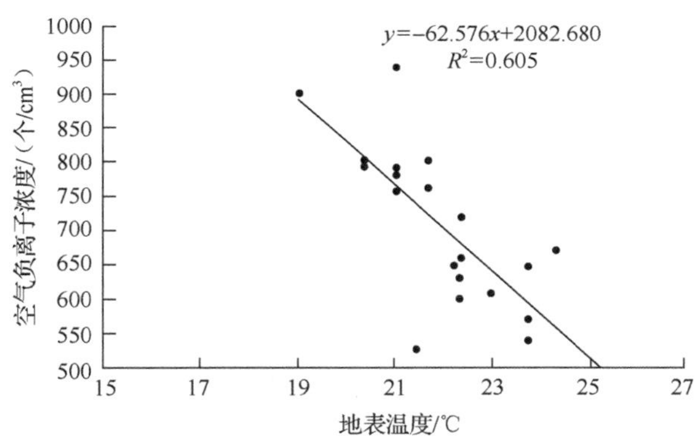

图 5-23　地表温度与空气负离子浓度回归分析

空气负离子浓度模型估测值与实测值结果对照如图 5-24 所示。

（2）归一化水汽指数估测空气负离子浓度：通过 NDMI 和空气负离子浓度进行一元线性回归分析得出如下方程（5-34），R^2 为 0.518，F 值为 86.669，显著水平为 0.01，如图 5-25 所示。

$$y = -832.71 + 1996.467x_1 \tag{5-34}$$

式中，y 为空气负离子浓度；x_1 为归一化水汽指数。

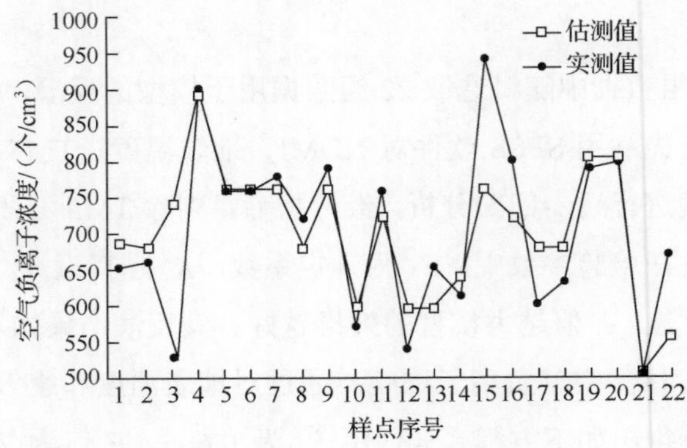

图 5-24 模型估测值与实测值结果对照

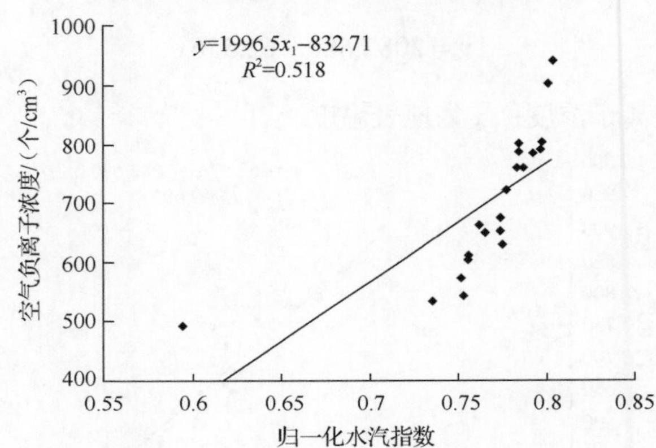

图 5-25 归一化水汽指数与空气负离子浓度回归分析

空气负离子浓度模型估测值与实测值结果对照如图 5-26 所示。

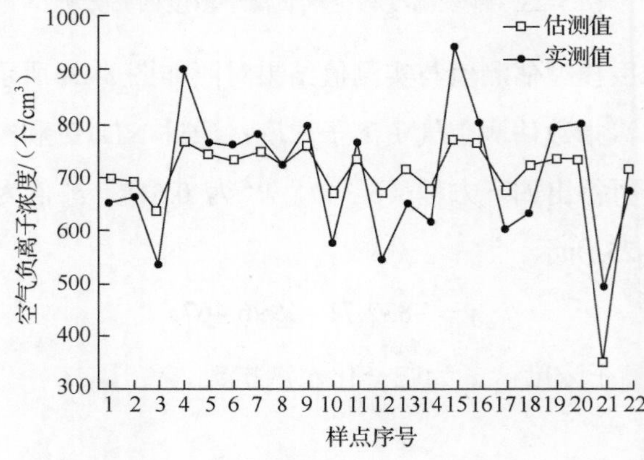

图 5-26 模型估测值与实测值结果对照

（3）归一化水汽指数、地表温度估测空气负离子浓度：通过对归一化水汽指数、地表温度和空气负离子浓度进行二元逐步回归分析得出如下方程（5-35），R^2 为 0.682，F 值为 70.583，显著水平为 0.01。

$$y = 874.441 - 43.201x_1 + 1016.579x_2 \tag{5-35}$$

式中，y 为空气负离子浓度；x_1 为地表温度（T_S）；x_2 为归一化水汽指数。

空气负离子浓度模型估测值与实测值结果对照如图 5-27 所示。

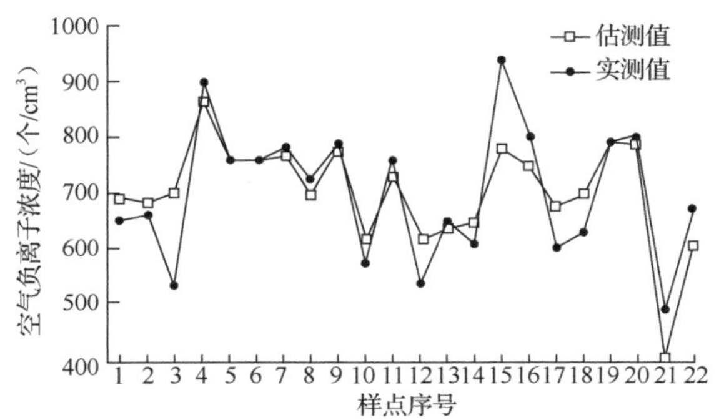

图 5-27　模型估测值与实测值结果对照

3）模型的精度检验

通过对建模的 22 组样本进行回归分析，得出三组模型。三组模型的对比情况见表 5-5。从表 5-5 中可以看出，在几个模型中，利用 NDMI 与地表温度两个因子共同估测的空气负离子浓度模型的精度要高于其他两个反演模型。从 R^2 检验值进行分析，式（5-35）的 R^2 检验值为 0.682，高于其他两组模型的 0.605 和 0.518。从 F 检验值进行分析，式(5-35)的 F 检验值为 70.583，优于其他两组模型的 76.592 和 86.669。

表 5-5　拟合后模型对照表

序号	模型	R^2	F
1	式（5-33）	0.605	76.592
2	式（5-34）	0.518	86.669
3	式（5-35）	0.682	70.583

将 10 组用于模型检验的数据代入三组模型公式，得出预测值与实测值的相对

误差，结果如表 5-6 所示。

表 5-6　模型检验结果　　单位：%

序号	式（5-33）	式（5-34）	式（5-35）
1	6.87163	13.9017	0.81102
2	4.42397	1.7194	16.7351
3	8.18492	7.80441	14.9314
4	14.1737	15.1752	17.6388
5	9.97033	10.4627	14.1723
6	1.86564	2.10907	9.91585
7	10.9924	14.1893	10.7852
8	7.79033	10.4627	9.89097
9	6.48013	9.45669	8.34013
10	4.91158	9.7716	1.37248
平均误差	9.5	10.4	7.5

式（5-33）和式（5-34）的平均误差分别为 9.5%、10.4%，式（5-35）的平均误差为 7.5%，相比较可知，式（5-35）的模型的误差要比前两组小，故本章选用式（5-35）模型对空气负离子浓度进行反演，得出图 5-28。

图 5-28　空气负离子浓度反演图（见书后彩图）

对比图 5-28 和图 5-9 可以看出，空气负离子浓度较低区域集中在漠河市区、育英林场、图强镇、劲涛镇的居民聚集区，还包括西林吉镇门都里防火塔以西及西林吉镇西南部的一大片空地区域。这些地区因为人群密集或地表裸露使得地表温度较高，空气湿度较低，植被覆盖率较低，空气污染较重，烟雾和尘埃数量多，而这些物质对空气负离子有吸附作用，多种原因使得城镇居民地和空地的空气负离子浓度较低。空气负离子浓度较高区域为漠河市北部黑龙江南岸的大片林区，还包括图强镇、劲涛镇南部的大片林区，以及兴安镇龙河林场、依林林场附近。这些区域多为植被覆盖率较高的森林，因为有森林的覆盖，地表温度较低，同时植物中的水分和蒸腾作用的水汽会使得空气中的湿度较大，还包括植物的光合作用等原因使得这些区域空气负离子的浓度较高。通过空气负离子浓度反演图（图 5-28）可以看出，漠河市空气负离子浓度的总体水平较高。式（5-35）反演的结果与其他学者的研究结果（吴际友等，2003；吴楚材等，2001；姚素莹等，2000；林忠宁，1999）基本一致，该模型反演精度较高。

3. 空气负离子浓度的评价

空气负离子的浓度水平是指单位体积空气中负离子的数目，单位是个/cm^3。我国的研究者通过大量的调查研究，规定清洁区空气负离子浓度应达 300～500 个/cm^3，并建议我国城镇居民区空气负离子最低浓度应达到 250 个/cm^3。世界卫生组织规定，对人体健康有益的空气负离子的标准浓度为 1000～1500 个/cm^3，空气负离子浓度与健康的关系如表 5-7 所示。依据表 5-7 绘制空气负离子浓度分级图，如图 5-29 所示。

表 5-7　不同空气负离子浓度对健康的影响

级别	空气负离子浓度/（个/cm^3）	对健康的影响
1	小于 600	不利
2	600～900	正常
3	900～1200	较有利
4	1200～1500	有利
5	1500～1800	相当有利
6	1800～2100	很有利
7	大于 2100	极有利

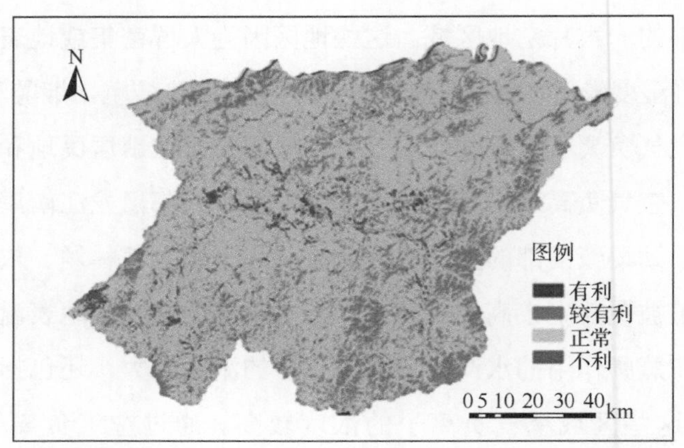

图 5-29　空气负离子浓度分级图（见书后彩图）

由图 5-29 可以看出，漠河市的空气负离子浓度大部分集中在 600～900 个/cm^{3}这一范围，对人体的健康属于正常等级。其中，漠河市北部黑龙江南岸一带地区空气负离子浓度较高，且这一区域风景优美，可以开发为生态旅游区，大力开展生态旅游产业可以拉动漠河市经济的增长。

5.4　小结与讨论

森林中的空气负离子是森林给予人类的一种宝贵资源。空气负离子浓度已成为评价一个地区空气环境质量的重要指标。利用空间统计学与 3S 技术，对漠河市森林空气负离子浓度进行反演研究，有助于提高人们对于森林空气负离子生态效益的认识，对于指导漠河市旅游区的选址、建设和管理有着十分重要的意义，可以实现空气负离子作为一种保健资源的经济价值。

（1）针叶林空气负离子浓度受植物光合作用和蒸腾作用的多重影响，其日变化规律与光合作用的日变化规律有显著相似性。而针叶林林地边缘的空气负离子平均浓度的日变化在无风条件下比针叶林林分中心略高。因此可以认为，针叶林空气负离子浓度能够在一定程度上反映中国北方的针叶林分布情况和林地结构的复合程度。

落叶松、樟子松林地在夏秋两季由于太阳光照时间、光照强度及其他天气因素不同，其每日空气负离子浓度变化具有一定差异性，但其变化规律均为双峰曲线（王晓磊等，2013）。夏季最大值出现在 12:00 左右，最小值出现在 7:00 左右，秋季最大值出现在 14:00 和 12:00 左右，最小值出现在 5:00 左右。落叶松的植物特性导致其空气负离子浓度日变化在夏秋两季差异显著。而樟子松随季节变化其空气负离子浓度日变化相对稳定。对于林型，在两个季节中落叶松林地的日空气负离子浓度均大于樟子松林地；而对于季节，在两片针叶林地中空气负离子浓度在夏季要高于秋季，不同于梁红等（2014）的空气负离子浓度在秋季略高于夏季的情况，但与唐吕君等（2014）的研究结论一致。

（2）空气负离子浓度与温度、湿度的日变化规律具有一定关联性，在夏秋两季，针叶林中空气负离子浓度与温度呈极显著正相关关系，与湿度呈显著负相关关系。

本结论与雷静等（2014）和 Liu 等（2013）的研究结果相吻合，但与王继梅等（2004）和吴际友等（2003）的研究结论有所不同。分析认为由于测量地以针叶林为主，植物呼吸作用较弱、林间温湿度变化幅度较小、林间湿度较低，因此当温度升高时，植物光合作用效率的提升促进了负离子的产生；而湿度较高时一般为夜晚，或为多云、阴天和降雨天气，虽然会对悬浮颗粒物、正离子等有一定吸附作用，但同样会在相当程度上阻碍植物光合作用。

（3）结合空气负离子的特性和针叶林本身抗寒性较强的特点，中国北方城市绿化建设中利用针叶林木能够更加有效地起到提高空气清洁程度及改善环境质量的作用。因此通过检测空气负离子浓度，可以反映当地空气清洁程度，并在一定程度上体现当地环境质量。虽然阔叶林种对短期低温有复苏的能力（Pan et al.，2009），但在中国北方地区针叶林种对空气质量持续有效的改善能力也不是其他植物群落所能匹及的（Meng et al.，2009）。由于本书所使用的 COM3200PRO 空气负离子检测仪不能在 0℃以下的环境中工作，无法在冬季对针叶林林地进行空气负离子浓度的监测。因此在后续研究中会对低温环境森林空气负离子进行针对研究。

（4）对漠河县（现漠河市）2011 年 8 月中旬 3 幅 TM 影像进行辐射定标与大

气校正、拼接和镶嵌处理。通过对影响空气负离子浓度的因子进行分析，确定选用温度因子、湿度因子对空气负离子浓度进行反演。以植被的光谱特征为基础，建立归一化植被指数模型，反演得到 NDVI 分布图，并提取研究区的归一化水汽指数、TM5 波段、TM7 波段的辐射亮度值。

（5）以热辐射四大定律为理论基础，通过对三种地表温度反演方法进行对比，最终选择辐射传导方程法反演地表温度。辐射传导方程法物理原理清晰，所需参数要少于单窗算法和普适性单通道算法，且不需要进行实地测量。反演过程中获取了研究区地表比辐射率、相同温度下黑体的辐射亮度值等参数。

（6）对空气负离子浓度与地表温度、归一化水汽指数、TM5 波段、TM7 波段的辐射亮度值进行相关分析，相关系数分别为-0.778、0.787、0.676、0.547，由相关系数检验结果表明，地表温度、归一化水汽指数与空气负离子浓度的相关性最高，呈显著相关。利用回归分析的方法，以地表温度、归一化水汽指数为因子建立反演模型，用 10 组检验数据进行检验，平均误差为 7.5%。

（7）参考世界卫生组织的规定和国内空气负离子浓度研究的划分标准，对反演后得出的空气负离子浓度进行等级划分。通过研究可以知道，漠河市的空气负离子浓度大部分集中 600～900 个/cm^3 这一范围，对人体的健康属于正常等级。空气负离子浓度较低（低于 600 个/cm^3）且对人体健康不利的区域多为城镇、居民地及道路区域。空气负离子浓度较高（900～1200 个/cm^3）且对人体健康较有利的区域多为森林植被覆盖率较高的区域。其中，漠河市北部黑龙江南岸一带地区空气负离子浓度较高，且这一区域风景优美，可以开发为生态旅游区，大力开展生态旅游产业可以拉动漠河市经济的增长。

受各种原因的限制，本章还有不足之处，今后将逐步改善，主要的问题如下。

（1）在实地对研究区的空气负离子浓度进行测量时，由于地形和天气等因素的限制，且实验时间是八月中旬属于防火期，由于防火期的相关规定，未进入森林深处采集数据，使得采样的布设相对集中，这对最终的反演结果与精度有一定影响。

（2）本章空气负离子浓度反演只选用温度和湿度，但是林分因子和其他的环境因子对空气负离子的浓度也会有影响，且这种影响较复杂。本章没有考虑这些因素，尚需深入研究。

第6章 黑龙江省空气负离子浓度空间分布特征研究

6.1 黑龙江省空气负离子浓度空间分布预测

6.1.1 研究数据

本书使用日本COM3200PRO空气负离子检测仪观测空气负离子浓度，数据来源于2016年夏季（7月、8月、9月）三个月份对黑龙江省的外业观测，一共选取了全省13个地区331个具有代表性的点（图6-1），观测点所处位置主要包括林地、耕地、居民地、草地、水域、空地等土地类型。在这三个月内，在天气晴好的情况下，分别对各点的空气负离子浓度进行测量，观测时间为每天 8:00～11:00，14:00～17:00，同时对样点的空气正离子浓度、温度、湿度、光照强度进行观测并记录各样点坐标及周围的地理环境特征。

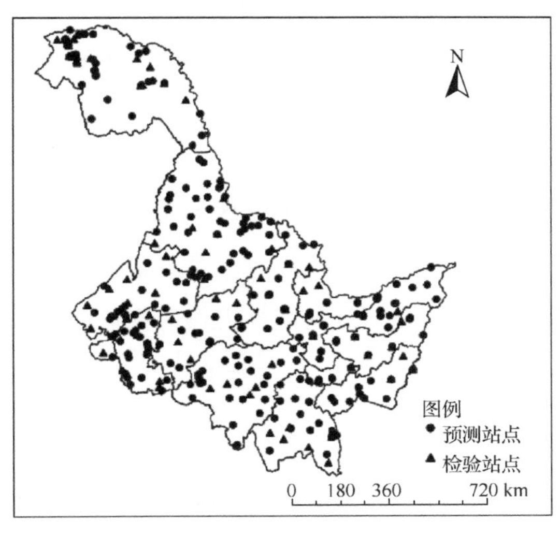

图6-1 研究区空气负离子浓度观测点分布图

6.1.2 研究方法

1. 数据处理方法

采用 SPSS 19.0 进行数据的描述性统计分析；采用 ArcGIS 10.2 进行空气负离子浓度的空间插值和空间格局分析；采用 Origin 8.6 进行统计分析并对最后插值结果进行验证。

2. 空间插值方法

空间插值方法是通过已知的空间数据进行未知空间数据估测的数学方法。插值的前提是空间地物具有一定的空间自相关性。在进行插值运算前，首先对数据进行预处理，即对空气负离子浓度进行空间自相关分析（陈彦光，2009；Moran，1950）。空间自相关是基于 Tobler 的地理学第一定律，即所有的地物间都存在联系，距离越近联系越强（Tobler，2004），它指的是空间对象某一属性和同一空间域中其他对象相同属性间的关系，主要用来分析空间数据的统计分布规律，该分析方法是通过空间自相关指数（Moran's *I* 指数）来实现的。Moran's *I* 指数的取值范围为[-1,1]，当值接近 1 时，表明事物的空间联系强，相关性高，性质相近；当值接近 0 时，说明事物间的联系较弱，相关性低；当值接近-1 时，说明事物间的空间异质性较大。

（1）普通克里金插值法。

普通克里金插值法（ordinary kriging，OK）是克里金插值法中使用率最高的方法，广泛地应用于土壤水分、矿产资源等众多变量的空间估计中，它是在数据符合正态分布的前提下对区域化变量的线性无偏最优估计。该方法计算公式（李新等，2000）可表示为

$$Z(\chi_0)=\sum_{i=1}^{n}\lambda_i Z(\chi_i) \tag{6-1}$$

式中，Z 为估算点的数据值；n 为插值站点的数目；λ_i 为参与插值的站点对估算站点属性要素的权重系数，其和等于 1；χ_i 为站点位置。

（2）反距离加权插值法。

反距离加权插值法是一种常用而简单的空间插值方法，它是基于相近相似的原理：两个物体离的越近，它们的性质就越相似，反之，离的越远则相似性越小。它以插值点与样本点间的距离为权重进行加权平均，离插值点越近的样本点赋予的权重越大（朱会义等，2004），该方法的计算公式如下：

$$Z=\frac{\sum_{i=1}^{n}\frac{1}{(C_i)^p}Z_i}{\sum_{i=1}^{n}\frac{1}{(C_i)^p}} \tag{6-2}$$

式中，Z 为估算点的数据值；Z_i 为第 i（i=1,2,3,⋯,n）个样本点的观测值；C_i 是估算点与第 i 个样本点距离；n 为样本数；p 为距离的幂，本章 p 值取 2，即反距离平方插值。IDW 插值法的精度通常随着样本点分布不均匀的程度增加而降低。

（3）径向基函数插值法。

径向基函数（radial basis functions，RBF）插值法属于精确插值方法，是用径向基函数来完成逼近实值函数 F=$F(x)$某点 x 函数值的方法，其核心是构造一个具有下述形式的逼近函数 $S(x)$。跟其他需要复杂处理的插值方法相比，径向基函数插值法适用于对大量点数据进行插值计算，该方法的计算公式如下：

$$S_\chi=\sum_{i=1}^{n}\alpha_i\varphi\left(\|\chi-\chi_i\|\right),\ \chi\in R^d \tag{6-3}$$

式中，$\varphi(t)(t\geqslant 0)$ 是一个确定的实值函数，即径向基函数；$\|\bullet\|$ 表示欧几里得距离；α_i 和 χ_i （i=1,2,3,⋯,n）分别为待定系数和径向基函数逼近的节点。

6.1.3　检验方法

在 ArcGIS 10.2 地统计分析中，采用交叉验证的方法来评价不同插值模型的效果，它每次会删除一个数据位置，然后预测关联的数据值并计算不同参数，最优模型的评价参数如下：平均误差，标准化平均误差，平均标准误差，均方根误差，标准均方根误差。平均误差的绝对值最接近于 0，均方根误差最小，平均标准误差最接近于均方根误差，标准均方根误差最接近于 1，模型最优。由于采用的反距离加权插值法和径向基函数插值法只有两组参数结果，为了方便对比，进一步检验不同插值方法在该区域的空气负离子浓度预测精度，在 ArcGIS 10.2 地统计工具下，将 331 个观测点的平均空气负离子浓度数据用 subset 随机构建两个子集：80%的样本（*N*=265）训练要素子集，20%的样本（*N*=66）验证要素子集。对验证站点的预测值与相同站点的实测值进行相关性分析，从而进一步完成夏季空气负离子浓度不同空间插值方法的精度检验。

6.1.4 结果与分析

1. 空间自相关分析

基于 ArcGIS 10.2 中空间统计模块下的 Moran's *I* 指数分析工具，计算得出黑龙江省夏季空气负离子浓度 Moran's *I* 值为 0.36，说明黑龙江省夏季空气负离子浓度数据具有空间自相关性。

2. 空气负离子浓度的描述性统计分析

对空气负离子浓度数据分布特征进行统计分析，变异函数的计算一般要求待插值的数据符合正态分布，参数中要求均值和中值近似相等，偏度和峰度接近 0。利用 SPSS 19.0 软件对空气负离子浓度数据的分布特征进行统计分析，并利用 K-S 检验对空气负离子浓度进行正态分布检验，若空气负离子浓度不符合正态分布，则需进行 log 变换或 Box-Cox 变换。

统计分析结果显示，空气负离子浓度均值（638.638 个/cm^3）与中值（626.350 个/cm^3）接近，偏度为 0.5 大于 0，峰度为 0.080 接近于 0，K-S 检验值为 0.956，检验结果符合正态分布和平稳假设，可以进一步分析其空间结构特征，进行空间插值。

3. 空气负离子浓度变化全局趋势分析

全局趋势是以空间采样数据为依据来拟合一个数学曲面，通过该曲面来反映数据在空间区域上变化的总体特征。趋势分析图中每一个竖棒表示每个数据点属性值的大小和位置，通过投影将其投射到一个东西向和一个南北向的正交平面上，每个方向用一个多项式进行拟合，如果拟合曲线为平直的，则说明没有全局趋势；如果拟合曲线为 U 形线，则说明存在某种全局趋势。确定存在全局趋势后，则可以进行确定性内插插值。

如图 6-2 所示，研究区空气负离子浓度基本变化趋势为西高东低，南高北低，南北各点呈现 U 形变化趋势，表明黑龙江省夏季空气负离子浓度呈现西北—东南高、西南低的空间分布格局。

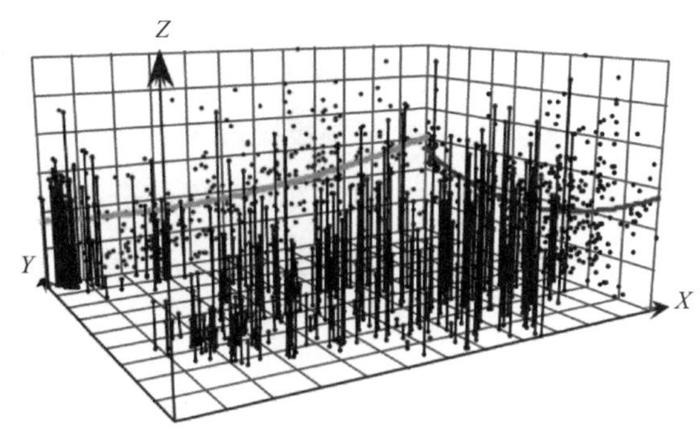

图 6-2 2016 年黑龙江省夏季空气负离子浓度趋势分析图

Z 轴表示空气负离子浓度值；*Y* 轴表示南北方向上趋势，箭头所指方向为北；*X* 轴表示东西方向上趋势，箭头所指方向为东

4. 变异函数模型拟合

以交叉验证作为评价方法，对普通克里金插值法，分别采用球面模型、指数模型、高斯模型、环形模型等理论变异函数模型对 2016 年黑龙江省夏季空气负离子浓度值进行拟合，以及采用指数为 2 的反距离加权插值法和采用样条函数径向基函数插值法进行对比，结果见表 6-1。

表 6-1　研究区空气负离子浓度不同插值方法交叉验证结果

插值方法	条件	平均误差	均方根误差	平均标准误差	标准化平均误差	标准均方根误差
普通克里金插值法	球面模型	−1.307	304.745	354.146	−0.0052	0.863
	指数模型	−0.723	304.884	351.529	−0.0041	0.869
	高斯模型	−1.546	304.812	354.478	−0.0057	0.862
	环形模型	−1.448	304.759	356.368	−0.0054	0.858
反距离加权插值法	指数为 2	5.406	332.903	—	—	—
径向基函数插值法	样条函数	1.729	304.530	—	—	—

从表 6-1 可以看出，平均误差绝对值中普通克里金插值法＜径向基函数插值法＜反距离加权插值法；均方根误差值为径向基函数插值法＜普通克里金插值法＜反距离加权插值法。普通克里金插值法中，平均误差绝对值中指数模型＜球面模型＜环形模型＜高斯模型，指数模型最小；标准均方根误差值为指数模型＞球面模型＞高斯模型＞环形模型，指数模型最接近于 1；标准化平均误差：指数模型＞球面模型＞环形模型＞高斯模型，指数模型最接近于 0；此外，指数模型的均方根误差值和平均标准误差值接近，所以普通克里金插值法中，空气负离子浓度最佳变异函数模型为指数模型。

5. 不同插值方法比较

由于反距离加权插值法和径向基函数插值法只有平均误差和均方根误差两组参数，无法与普通克里金插值进行最优对比，基于此对三种插值方法进行进一步分析，通过对检验站点的空气负离子浓度的观测值（x）与预测值（y）之间的回归关系来确定插值精度较高的模型。结果如图 6-3 所示，普通克里金插值法得到方程为 y=0.93234x+60.62554，R^2=0.84033（R^2 为显著性水平检验决定系数，反映因变量的全部变异能通过回归关系被自变量解释的比例）；反距离加权插值法得到方程为 y=0.96938x+29.36635，R^2=0.61016；径向基函数插值法得到方程为 y=0.91985x+51.76383，R^2=0.80396。三种插值方法中，基于指数模型普通克里金插值法的 R^2

最大，其次为径向基函数插值法，反距离加权插值法的 R^2 最小，这表明普通克里金插值法的实测值和预测值相关系数最高，其插值方法精度最高，是一种可行的方法。

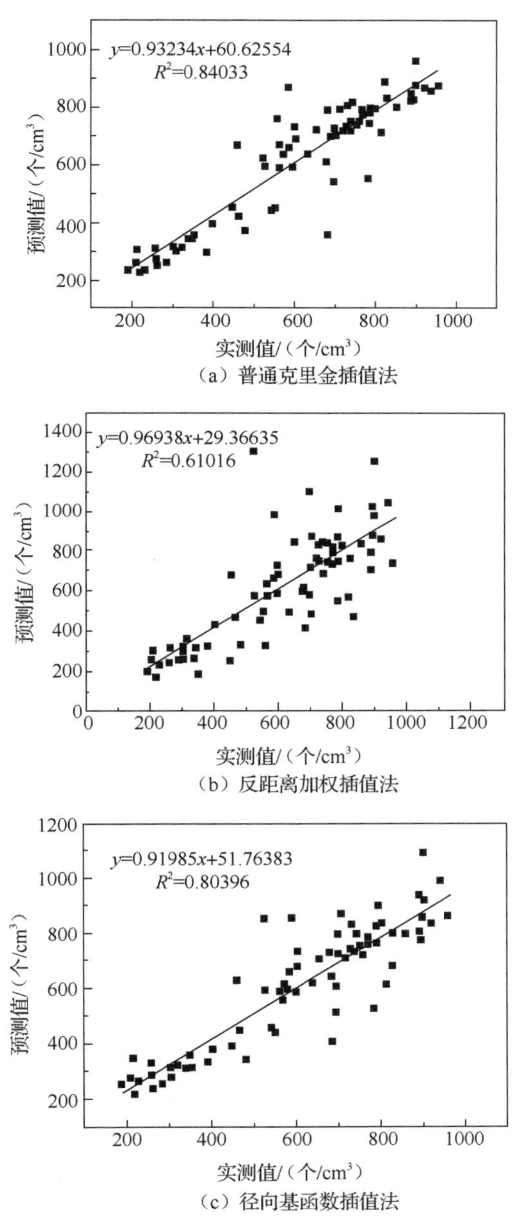

（a）普通克里金插值法

（b）反距离加权插值法

（c）径向基函数插值法

图 6-3　三种插值方法空气负离子浓度实测值与模型预测值关系散点图

不同插值方法的黑龙江省夏季空气负离子浓度分布如图 6-4 所示。2016 年夏季黑龙江省的空气负离子浓度总体上呈现出由西向东逐渐增高的趋势，同时其分布具有西南低、西北—西南高的特点：一方面因为从西北到西南为绵延广袤的山岭山脉，森林破坏程度轻，空气清新，人类活动较少；另一方面，该省东南部的哈尔滨、大庆和齐齐哈尔为全国重要的工业城市，地处哈大齐工业走廊，经济发达，人口聚集，人类活动活跃，空气负离子浓度值相对较低。

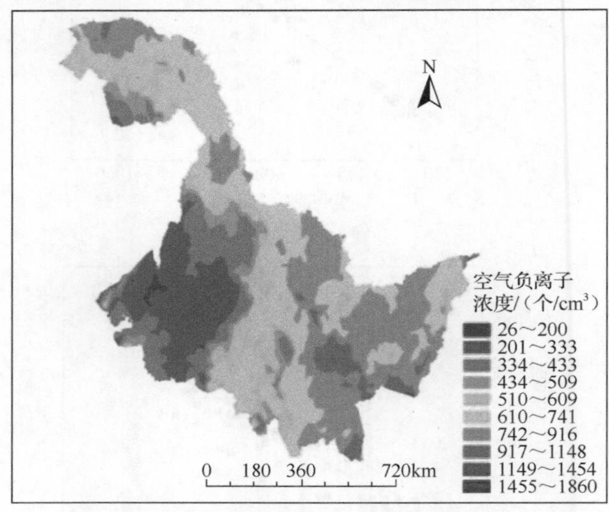

（a）基于普通克里金插值法的空气负离子浓度空间分布

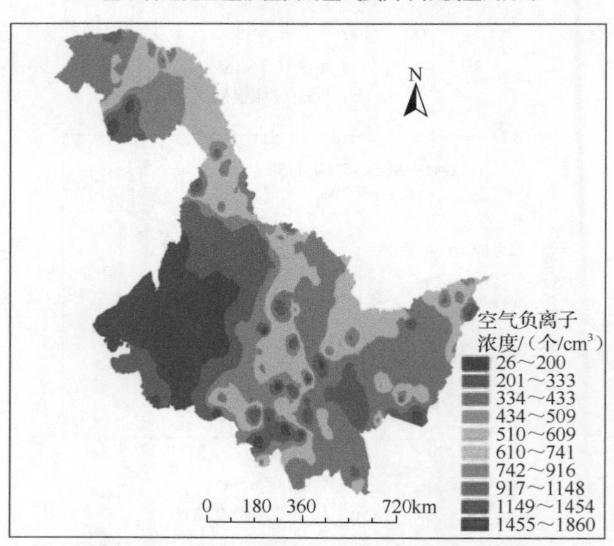

（b）基于反距离加权插值法的空气负离子浓度空间分布

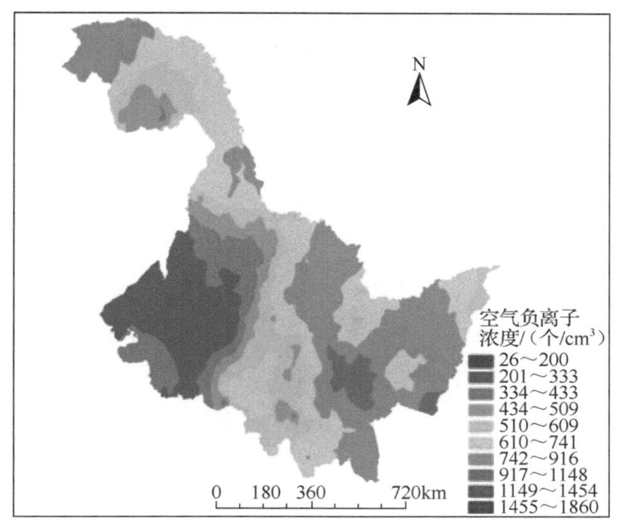

（c）基于径向基函数插值法的空气负离子浓度空间分布

图 6-4　基于不同插值方法的黑龙江省夏季空气负离子浓度空间分布图（见书后彩图）

6.2　黑龙江省不同景观空气负离子浓度空间格局分析

6.2.1　数据来源与处理

空气负离子浓度数据来源于 2016 年夏季（7 月、8 月、9 月）三个月份的外业测量，一共选取了全省 13 个地区林地、水域、耕地三种地类 219 个具有代表意义的样点。在这三个月内，在气象稳定、天气晴好的状态下，分别对林地、水域、耕地这三种地类的空气负离子浓度进行观测，观测时间为每天 8:00～11:00 和 14:00～17:00，同时对各样点的空气正离子浓度、风速、温度、湿度和光照强度进行了观测并做详细记录。

1. 数据整理

将林地、水域、耕地三种类型观测点分类汇总，利用 ArcGIS 生成黑龙江省林地、水域、耕地空气负离子浓度监测点空间分布图（图 6-5）。

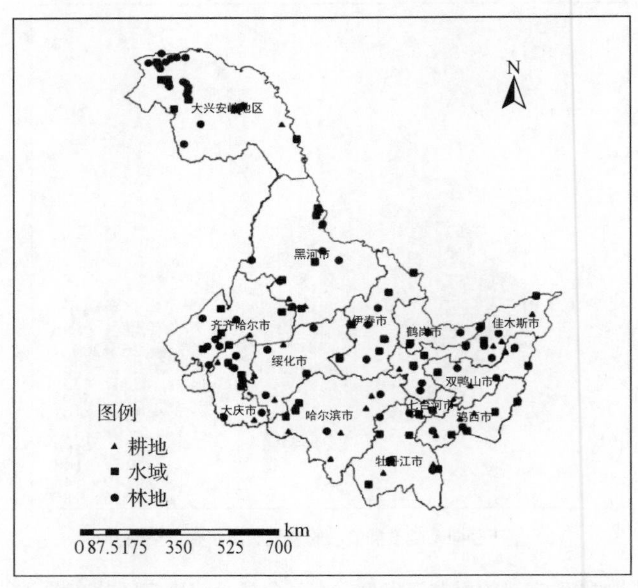

图 6-5　黑龙江省林地、水域、耕地空气负离子浓度监测点空间分布图

2. 空间自相关分析

空间统计学以区域化变量为基础，研究空间对象的空间变异性和空间估值。空间自相关分析是空间统计学的重要内容，空间自相关是指空间对象某一属性和同一空间域中其他对象相同属性间的关系，包括全局空间自相关和局部空间自相关，其理论基础是 Tobler 提出的地理学第一定律，即任何事物都是相互联系的，但相近的事物关联更紧密（罗格平等，2003；陈彦光，2009；张峰等，2004）。空气负离子的分布和浓度是一个复杂的时空地理过程，和其他地理现象一样，空气负离子的空间分布并不是相互独立的，存在空间关联。

本章空间自相关分析主要通过全局莫兰指数（Moran's I 指数）（Moran，1950）和局部莫兰指数（Local Moran's I 指数）来测定。全局莫兰指数的计算公式为

$$I=\frac{n\sum_{i}^{n}\sum_{j}^{n}W_{ij}\left(y_i-\overline{y}\right)\left(y_j-\overline{y}\right)}{\sum_{i}^{n}\sum_{j}^{n}W_{ij}\cdot\sum_{i=1}^{n}\left(y_i-\overline{y}\right)^2} \tag{6-4}$$

式中，n 为空间数据的数量；y_i、y_j 分别为 i、j 位置的空间数据属性值，为空间

数据属性的均值；w_{ij} 为空间权重矩阵，表示区域 i 与 j 的邻接关系，为二进制的一阶邻近空间权重矩阵，若第 i 个地区与第 j 个地区相邻，则 w_{ij} 取值为 1，否则 w_{ij} 取值为 0。

3. 空间权重

空间权重是进行空间自相关分析的前提和基础。Anselin（1995）提出了确定空间权重的方法，把空间位置的相邻关系分为三类：邻接关系、距离关系和最近 K 点关系。邻接关系是指按空间单元之间是否相邻来赋予空间权重值，若相邻，则 $w_{ij}=1$，否则 $w_{ij}=0$；距离关系是指预先设定距离阈值 L，若空间单元之间的距离小于或等于 L，则 $w_{ij}=1$，否则 $w_{ij}=0$；最近 K 点关系是指设定与空间单元距离最近的相邻或相近空间单元个数为 K（不考虑空间单元之间的距离远近），若属于设定的 K 个相邻或相近单元之一，则 $w_{ij}=1$，否则 $w_{ij}=0$。矩阵的确定是空间自相关分析的关键步骤，其基本形式为

$$W=\begin{bmatrix} w_{11} & w_{12} & \cdots & w_{1n} \\ w_{21} & w_{22} & \cdots & w_{2n} \\ \vdots & \vdots & \vdots & \vdots \\ w_{n1} & w_{n2} & \cdots & w_{nn} \end{bmatrix}$$

由于空气负离子浓度监测点是点文件，所以本节在 GeoDa 软件中选择距离权重生成空间权重矩阵。

Moran's I 指数的取值范围为[-1,1]，如果 I＜0，表示空间负相关，越接近-1，说明区域间的差异性越大；如果 I＞0，表示空间正相关，越接近 1，说明区域间相似性越大；如果 I=0，则代表区域间不相关，观测值随机分布（张松林等，2007）。

全局莫兰指数只是从整体上揭示黑龙江省不同地域的空气负离子是否存在空间自相关及相关性大小，无法科学地揭示每一个地区的局部空间自相关性。所以需要进一步采用局部莫兰指数、Moran's I 散点图和局部空间自相关（local indicators of spatial association，LISA）集聚图来识别黑龙江省不同景观空气负离子浓度可能存在的局部自相关性。其公式为

$$I' = \frac{(y_i - \overline{y})}{\frac{1}{n}\sum_{i=1}^{n}(y_i - \overline{y})^2}\sum_{j=1}^{n} w_{ij}(y_i - \overline{y}) \tag{6-5}$$

式中，n 为空间数据的数量；y_i、y_j 分别为 i、j 位置的空间数据属性值，为空间数据属性的均值；w_{ij} 为空间权重矩阵。

6.2.2 结果与分析

1. 基础性统计分析

对2016年黑龙江省夏季各个监测点的空气负离子浓度数据按照不同景观类型区域进行整理与分类汇总，剔除异常值，得到结果见表6-2。

表 6-2 黑龙江省夏季三种景观类型各地区监测点数及空气负离子平均浓度

地区	监测点数			空气负离子平均浓度/（个/cm³）		
	林地	水域	耕地	林地	水域	耕地
大庆	5	4	4	300.28	238.16	133.53
绥化	4	1	4	277.95	472.69	170.18
鸡西	4	4	5	1217.28	879.42	564.31
鹤岗	3	1	4	769.83	423.35	627.46
伊春	8	7	5	807.77	1268.58	872.70
黑河	8	5	6	482.31	506.34	693.30
哈尔滨	4	3	6	1066.72	659.58	133.87
牡丹江	5	5	3	871.71	956.27	561.96
七台河	2	3	3	1022.39	116.48	949.59
佳木斯	10	6	9	789.79	743.97	803.83
双鸭山	5	3	7	886.72	398.32	1031.70
齐齐哈尔	8	4	5	221.88	184.94	147.62
大兴安岭	31	11	4	723.17	838.58	779.12

通过表6-2可以看出，全省林地、水域、耕地监测点数分别为97个、57个、65个，空气负离子平均浓度分别为693.89个/cm³、745.78个/cm³、595.67个/cm³。

2. 空间自相关尺度效应

基于距离的权重矩阵中，距离阈值的变化决定了对象的领域范围，本章中林地、水域、耕地的权重矩阵分别以150 km、200 km、250 km、300 km、350 km、400 km、

450 km、500 km，150 km、200 km、250 km、300 km、350 km、400 km、450 km、500 km，200 km、250 km、300 km、350 km、400 km、450 km、500 km 为距离阈值计算 Moran's I 值和 p 值（p 值小于 0.05 表示具有较高可信度），结果见图 6-6。

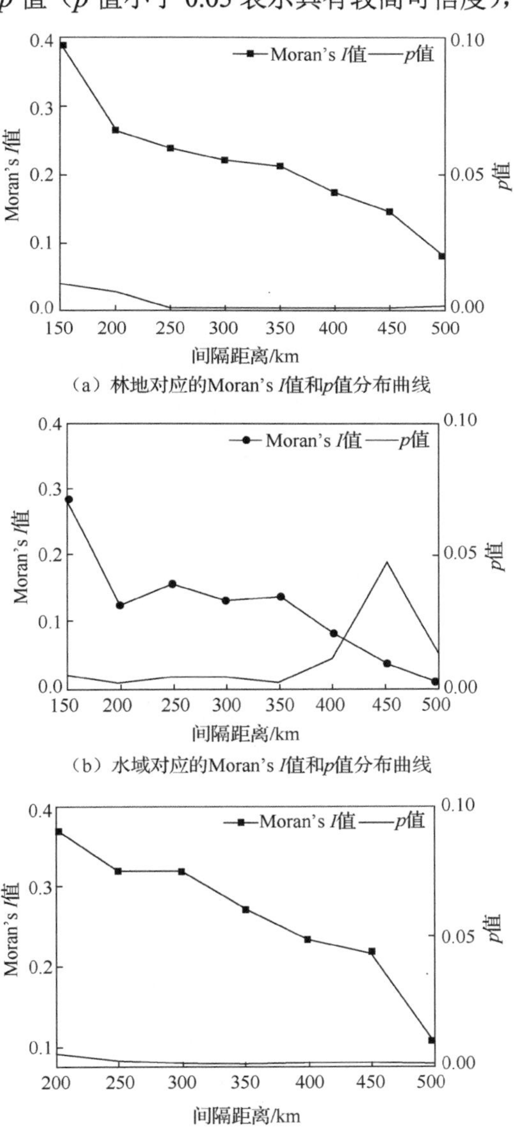

（a）林地对应的Moran's I值和p值分布曲线

（b）水域对应的Moran's I值和p值分布曲线

（c）耕地对应的Moran's I值和p值分布曲线

图 6-6　三种景观类型空气负离子浓度空间自相关性随距离的变化对应的 Moran's I 值和 p 值分布曲线

由图 6-6 可知，三种景观类型空气负离子浓度空间自相关性随间隔距离的增加而减小，变化趋势基本一致。当距离阈值在 150～250 km 时，林地的 Moran's *I* 值和 *p* 值都呈下降趋势，能够较好地反映空气负离子浓度空间自相关性；当距离阈值在 150～200 km 时，水域的 Moran's *I* 值和 *p* 值呈下降趋势，能够较好地反映空气负离子浓度自相关性；当距离阈值在 200～350 km 时，耕地的 Moran's *I* 值和 *p* 值趋势相同，均表现出下降的趋势，能够较好的反映其空气负离子浓度空间自相关性。

3. 空间自相关分析

运用 GeoDa 软件进行全局空间自相关分析，可以比较不同景观类型的空气负离子浓度空间自相关性强弱。利用式（6-4）计算得到黑龙江省夏季林地、水域、耕地三种景观类型的空气负离子浓度全局空间自相关 Moran's *I* 指数分别为 0.380、0.284 和 0.371（$p<0.05$）。结果表明，黑龙江省夏季三种不同景观类型的空气负离子浓度均具有空间自相关性，其中林地的空气负离子浓度空间自相关性最强，水域的空气负离子浓度空间自相关性最弱。

利用局部空间自相关分析可以识别出不同景观类型空气负离子浓度的集聚模式，局部空间自相关分析包括 Moran's *I* 散点图分析和 LISA 集聚图分析。利用 GeoDa 软件得到三种不同景观类型的空气负离子浓度 Moran's *I* 散点图，见图 6-7。

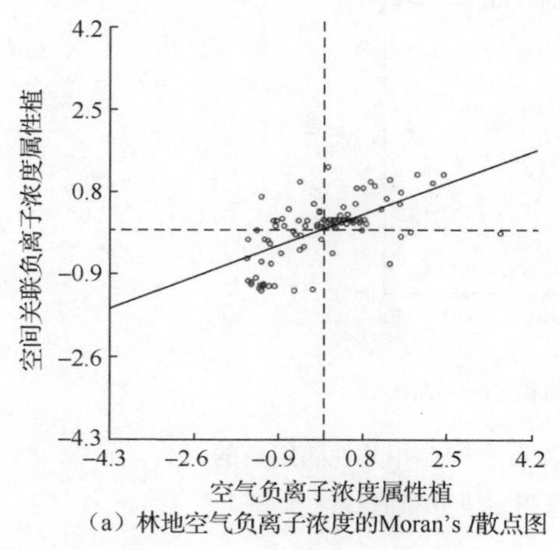

（a）林地空气负离子浓度的Moran's *I*散点图

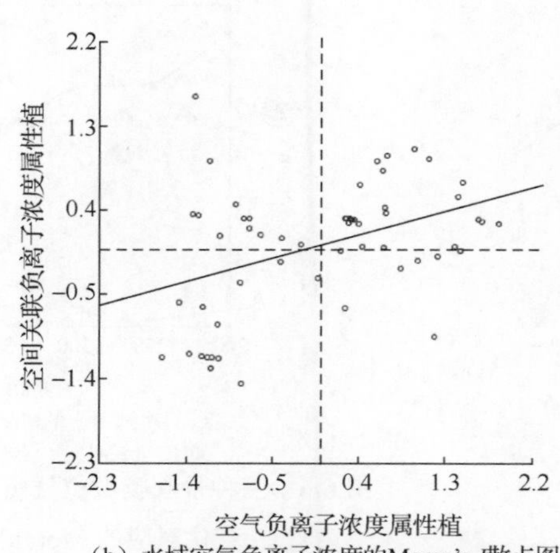

（b）水域空气负离子浓度的Moran's *I*散点图

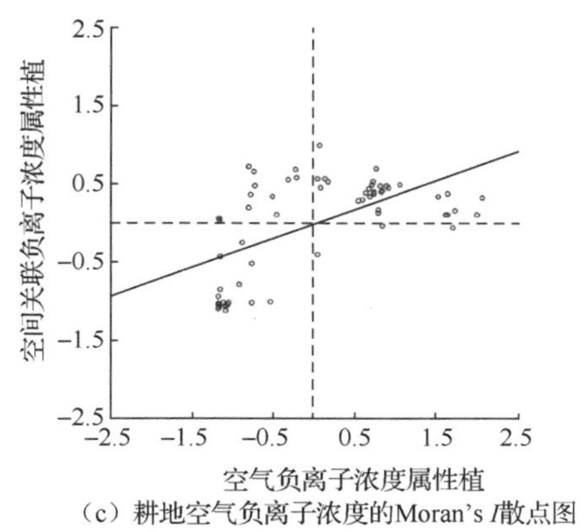

（c）耕地空气负离子浓度的Moran's I散点图

图 6-7　三种景观类型空气负离子浓度的 Moran's I 散点图

Moran's I 散点图根据属性值的全局均值定义了四个象限，每个象限所对应的是位置 i 与其领域值不同的可能组合：第一象限为高值区域被高值包围——高-高集聚型，即某一观测点及其周边监测点空气负离子浓度均为高值；第二象限表示低值区域被高值包围——低-高集聚型，即某一观测点空气负离子浓度较低，但其周边的空气负离子浓度较高；第三、第四象限分别为低值区域被低值包围——低-低集聚型和高值区域被低值包围——高-低集聚型。高-高集聚和低-低集聚反映了空气负离子分布的均质性，即存在正的空间自相关；而低-高集聚和高-低集聚反映了空气负离子浓度的异质性，即存在负的空间自相关。

局部空间自相关分析中的 LISA 集聚图可以将空气负离子浓度的集聚模式空间化，直观地反映出空气负离子浓度的分布格局和集聚模式。利用 GeoDa 软件分析研究区林地、水域、耕地的空气负离子浓度的空间集聚情况，结果见图 6-8。

通过图 6-8 可以看出，三种景观类型的空气负离子浓度均存在正的空间自相关性（高-高集聚或低-低集聚）：林地的空气负离子浓度高-高集聚中心主要分布在牡丹江市、鸡西市、七台河市和大兴安岭地区，而齐齐哈尔市和大庆市则表现为低-低集聚；水域的空气负离子浓度高-高集聚地区主要分布在伊春市，低-低集聚地区主要在大庆市和齐齐哈尔市；耕地的空气负离子浓度高-高集聚区主要分布在佳木斯市和双鸭山市，低-低集聚区主要分布在大庆市、齐齐哈尔市和哈尔滨市。三种景观类型的空气负离子浓度低-低集聚区在大庆市和齐齐哈尔市均有分布，这是因为该地区为松嫩平原，地处哈大齐工业走廊，工业水平发达，人类活动频繁，不利于空气负离子浓度的增长；耕地的空气负离子浓度高-高集聚区主要分布在佳木斯市，是因为该地区地处三江平原，土地肥沃，山清水秀，以种植业为主；林地的空气负离子浓度高-高集聚区主要分布在牡丹江市、鸡西市、七台河市和大兴安岭地区，这是因为其地处长白山脉和大兴安岭，自然森林分布广袤，人类活动较少，这也进一步表明了空气负离子浓度空间分布从自然环境到人工环境逐渐递减的特征。

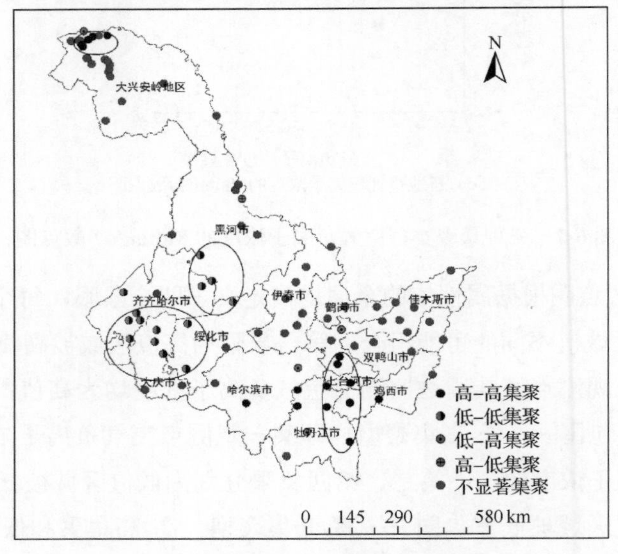

（a）林地空气负离子浓度LISA集聚图

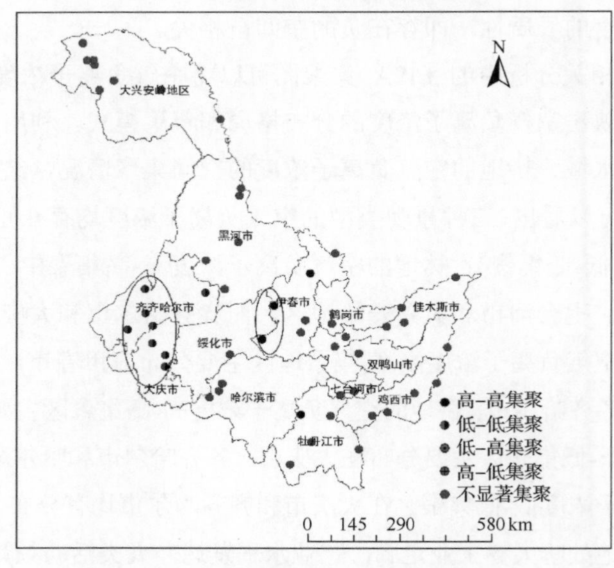

（b）水域空气负离子浓度LISA集聚图

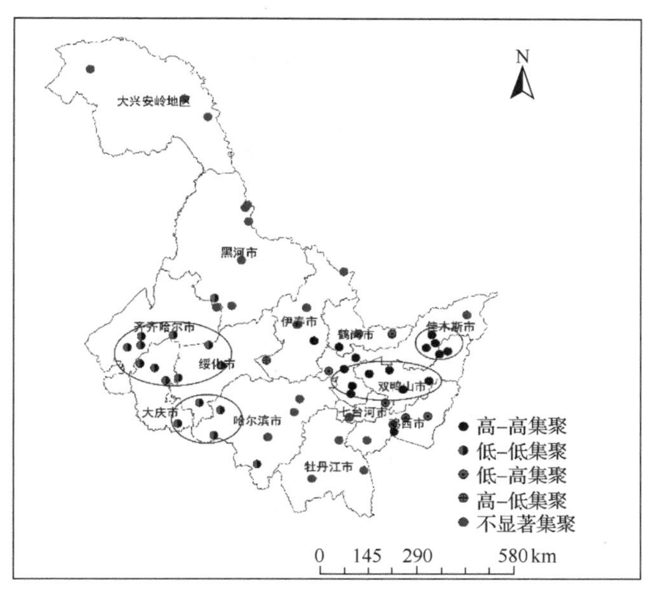

（c）耕地空气负离子浓度LISA集聚图

图 6-8　2016 年夏季黑龙江省三种景观类型空气负离子浓度 LISA 集聚图

6.3　小结与讨论

（1）以 2016 年夏季黑龙江省 331 个观测点的空气负离子浓度数据为基础，在验证其符合正态分布后，进行空间插值，对全省的空气负离子浓度实现了由点到面的空间分布预测。在 ArcGIS 10.2 软件的支持下，将其随机分成两个子集，然后对不同的空间插值结果进行检验，结果表明，2016 年夏季黑龙江省的空气负离子浓度存在空间相关性，符合正态分布，所以在进行空间插值时，无须进行数据转换。但是插值的方法多样，如何选择最优插值方法仍值得进一步探讨。本章采用了比较常见的三种空间插值方法，空间插值的结果与预测值均表现出了一定的相关性，其中普通克里金插值法的指数模型在空气负离子浓度预测中精度最高，插值结果最优，能够较为准确地反映出 2016 年黑龙江省夏季的空气负离子浓度空间分布格局。

但是本章用于插值的空气负离子浓度观测点分布在黑龙江全省，范围较广，虽然综合考虑了不同的土地类型、温度、湿度、天气状况、高度等因素影响，但从整体上来说，由于林区和无人区原因，布设点分布并不均匀。此外，影响空气负离子浓度空间分布的因素很多，如风向、风速、光照度、人类活动等等，因此，针对不同的研究对象，根据研究需要，在进行插值计算时，若想要获得更高的精度，应该充分考虑不同因素对其结果产生的影响，以此获取最优的插值计算。

（2）采用空间自相关分析方法，以空气负离子浓度为空间变量，探讨了 2016 年黑龙江省夏季林地、水域、耕地三种不同景观类型空气负离子浓度分布的空间格局规律，并据此得出以下结论。

黑龙江省夏季林地、水域、耕地空气负离子浓度存在空间自相关性，在 150～250km 范围内，林地、水域空间自相关尺度效应明显，在 200～350km 范围内，耕地空间自相关尺度效应明显。

三种景观类型空气负离子浓度全局空间自相关性由高到低依次为林地、耕地、水域。

局部空间自相关分析和 LISA 集聚图表明，林地、耕地、水域中空气负离子浓度低-低集聚区在大庆市和齐齐哈尔市均有分布；高-高集聚区分布则不同，林地主要为牡丹江市、七台河市和大兴安岭地区，水域主要为伊春市，耕地主要为佳木斯市和双鸭山市。

自然环境中，空气负离子的浓度越大，说明空气越洁净，本章中牡丹江市、七台河市和大兴安岭地区的林地景观空气最洁净，在耕地景观中，佳木斯市和双鸭山市最洁净，水域最洁净区域在伊春市。这对以自然环境中的空气负离子浓度值为参考标准，研究不同景观的空气负离子浓度和空气清洁度提供了科学性和可行性依据。

空气负离子的分布以及浓度的高低受很多因素的影响，由于数据和时间有限，只对 2016 年黑龙江省夏季不同景观类型的空气负离子浓度进行了观测研究，若有多年多季度的研究数据，通过对比将使不同景观类型不同时节的空气负离子分布的空间自相关研究更有价值。

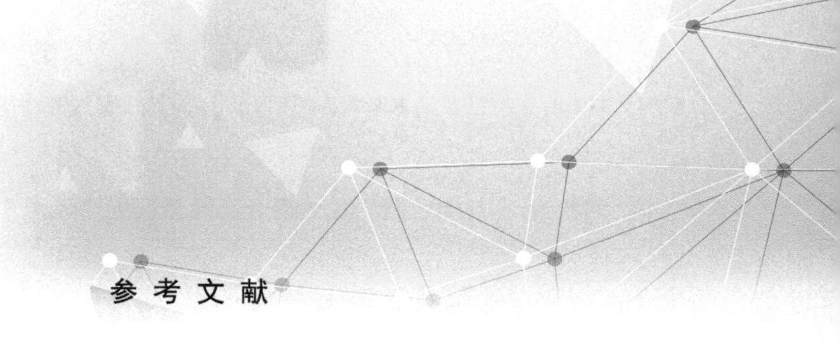

参考文献

曹建新, 张宝贵, 张友杰. 2017. 海滨、森林环境中空气负离子分布特征及其与环境因子的关系. 生态环境学报, 26(8):1375-1383.

陈欢, 章家恩. 2010. 空气负离子浓度分布的影响因素研究综述. 生态科学, 29(2):181-185.

陈佳瀛, 宋永昌, 陶康华, 等. 2006. 上海城市绿地空气负离子研究. 生态环境, 15(5): 1024-1028.

陈彦光. 2009. 基于 Moran 统计量的空间自相关理论发展和方法改进. 地理研究, 28(6): 1449-1463.

邓亚东, 陈伟海, 朱德浩. 2005. 桂林市芦笛岩、大岩洞穴空气负离子浓度分布研究. 中国岩溶, 24(4):326-330.

刁勤兰, 董俐, 何小弟, 等. 2011. 瀑水环境中的空气负离子密度空间分布初探. 江西林业科技, (4):33-35.

丁慈文, 赵由之. 2016. 五指山市荣最岭空气负离子昼间变化特征. 南海热带海洋学院报, 23(5):28-32.

冯鹏飞, 于新文, 张旭. 2015. 北京地区不同植被类型空气负离子浓度及其影响因素分析. 生态环境学报, 24(5):818-824.

高郯, 卢杰, 李江荣, 等. 2019. 林芝市不同生态功能区空气负离子特征研究. 西北林学院学报, 34(4):70-75.

关蓓蓓, 郑思俊, 崔心红. 2016. 城市人工林空气负离子变化特征及其主要影响因子. 南京林业大学学报(自然科学版), 40(1):73-79.

郭圣茂, 杜天真, 赖胜男. 2006. 城市绿地对空气负离子的影响. 城市环境与城市生态, 19(2):1-4.

郭笑怡, 张洪岩. 2013. 生态地理分区框架下的大兴安岭植被动态研究. 地理科学, 33(2):181-188.

何彬生, 贺维, 张炜. 2016. 依托国家森林公园发展森林康养产业的探讨——以四川空山国家森林公园为例. 四川林业科技, 37:81-87.

黄建武, 陶家元. 2002. 空气负离子资源开发与生态旅游. 华中师范大学学报(自然科学版), 36(2):257-260.

季玉凯，周永斌，米淑红，等. 2007. 棋盘山风景区空气负离子浓度的研究. 辽宁林业科技, (3):16-18,21.

雷静，田媛，王晓剑. 2014. 玉渊潭不同功能区春季负离子浓度变化研究. 环境科学与技术, 37(3):169-164.

李安伯. 1988. 空气负离子研究近况. 中华理疗杂志, (2):100-104.

李少宁，韩淑伟，商天余，等. 2009. 空气负离子监测与评价的国内外研究进展. 安徽农业科学, 37(8):3736-3738.

李小文，汪骏发，王锦地，等. 2001. 多角度与热红外对地遥感. 北京:科学出版社: 12-49.

李新，程国栋，卢玲. 2000. 空间插值方法比较. 地球科学进展, 15(3):260-265.

李秀增，王金球. 1992. 海滨气候与空气离子. 海军医学, 10(1): 67-69.

李印颖，苏印泉，李继育，等. 2008. 黄土高原植被与空气负离子关系的研究. 干旱区资源与环境, 22(1):70-73.

厉曙光，张亚锋，李莉，等. 2002. 喷泉对周围空气负离子和气象条件的影响. 同济大学学报(自然科学版), 30(3):352-355.

梁红，陈晓双，达良俊. 2014. 上海佘山国家森林公园空气负离子动态及其主要影响因子. 城市环境与城市生态, 27(1):7-11.

林忠宁. 1999. 空气负离子在卫生保健中的应用. 生态科学, 18(2): 87-100.

刘凯昌，苏树权，江建发，等. 2002. 不同植被类型空气负离子状况初步调查. 林业与环境科学, 18(2):37-39.

罗格平，周成虎，陈曦. 2003. 干旱区绿洲土地利用与覆被变化过程. 地理学报, 58(1):63-72.

吕健，徐锦海. 2000. 昆明世博园空气离子测定及评价. 广东园林, (2): 11-14.

邵海荣，贺庆棠，阎海平，等. 2005. 北京地区空气负离子浓度时空变化特征的研究. 北京林业大学学报(自然科学版), 27(3):35-39.

邵海荣，贺庆棠. 2000. 森林与空气负离子. 世界林业研究, 13(5):19-23.

石强，舒惠芳，钟林生，等. 2004. 森林游憩区空气负离子评价研究. 林业科学, 40(1): 36-40.

石彦军，余树全，郑庆林. 2010. 6 种植物群落夏季空气负离子动态及其与气象因子的关系. 浙江林学院学报, 27(2):185-189.

司婷婷，罗艳菊，赵志忠，等. 2014. 吊罗山热带雨林空气负离子浓度与气象要素的关系. 资源科学, 36(4):788-792.

孙雅琴, 包冀强, 杨军, 等. 1992. 公共场所空气负离子与CO_2关系的初步研究. 环境与健康杂志, 9(6): 263-264.

覃志豪, Zhang Minghua, Karnieli A, 等. 2001. 用陆地卫星 TM6 数据演算地表温度的单窗算法. 地理学报, 56(4): 456-466.

覃志豪, 李文娟, 徐斌, 等. 2004. 陆地卫星 TM6 波段范围内地表比辐射率的估计. 国土资源遥感, 61(3): 24-36.

唐吕君, 赵明水, 李静, 等. 2014. 天目山不同海拔柳杉群落特征与空气负离子效应分析. 中南林业科技大学学报, 34(2):85-89.

汪炎林, 李坡, 黎有为, 等. 2018. 岩溶洞穴负离子空间分布特征与环境关系分析: 以天缘洞与水帘洞为例. 环境科学与技术, 41(9):163-169.

王洪俊. 2004. 城市森林结构对空气负离子水平的影响. 南京林业大学学报(自然科学版), 28(5): 96-98.

王继梅, 冀志江, 隋同波, 等. 2004. 空气负离子与温湿度的关系. 环境科学研究, 17 (2): 68-70.

王桥, 杨一鹏, 黄家柱, 等. 2005. 环境遥感. 北京:科学出版社: 53.

王淑娟, 王芳, 郭俊刚, 等. 2008. 森林空气负离子及其主要影响因子的研究进展. 内蒙古农业大学学报, 29(1):243-247.

王淑娟, 俞益武, 王芳, 等. 2008. 临安市不同功能区空气负离子日变化特征及其与环境因子的关联分析. 浙江林业科技, 28(4):33-38.

王晓磊, 李传荣, 许景伟, 等. 2013. 济南市南部山区不同模式庭院林空气负离子浓度. 应用生态学报, 24(2):373-378.

韦朝领, 王敬涛, 蒋跃林, 等. 2006. 合肥市不同生态功能区空气负离子浓度分布特征及其与气象因子的关系. 应用生态学报, 17(11): 2158-2162.

吴楚材, 黄绳纪. 1995. 桃源洞国家森林公园的空气负离子含量及评价. 中南林学院学报, 15(1):9-12.

吴楚材, 郑群明, 钟林生. 2001. 森林游憩区空气负离子水平的研究. 林业科学, 37(5): 75-81.

吴楚材, 吴章文. 1998a. 森林旅游及其在我国的发展前景. 中南林学院学报, 18(3):96-100.

吴楚材, 钟林生, 刘晓明. 1998b. 马尾松纯林林分因子对空气负离子浓度影响的研究. 中南林学院学报, 18(1): 70-73.

吴楚材, 钟林生, 石强. 2000. 森林环境中空气负离子浓度分级标准. 中国环境科学, 22(4): 35-36.

吴际友，程政红，龙应忠，等. 2003. 园林树种林分中空气负离子水平的变化. 南京林业大学学报(自然科学版), 27(4): 78-80.

吴仁烨，孙缘芬，郑金贵，等. 2017. 脉冲电场作用对植物释放负离子与气孔特征的关系. 植物学报, 52(6):744－755.

肖以华，刘燕堂，徐大平，等. 2004. 广州市帽峰山森林公园空气环境质量初报. 中国城市林业, 2(3):40-44.

闫秀婧. 2009. 青岛市森林与湿地负离子水平时空分布研究. 北京：北京林业大学: 75-107.

阳柏苏，何平，范亚明. 2003. 城郊绿地系统结构与负离子发生的生态分析. 怀化学院学报, 22(5): 64-67.

杨尚英. 2005. 秦岭北坡森林公园空气负离子资源的开发利用. 资源开发与市场, 21(5):458-459.

姚素莹，廖庆强，黄绳纪. 2000. 广州地区空气负离子与环境质量关系的分析. 广州环境科学, 15(3): 36-37.

叶彩华，王晓云，郭文利. 2000. 空气中负离子浓度与气象条件关系初探. 气象科技, (4): 51-52.

曾曙才，苏志尧，陈北光. 2006. 我国森林空气负离子研究进展. 南京林业大学学报(自然科学版), 30(5):107-111.

张兵，张立超，储双双. 2015. 广车八岭国家级自然保护区空气负离子水平及其主要影响因子. 广西植物, 36(5):523-528.

张峰，张新时. 2004. 基于TM影像的景观空间自相关分析——以北京昌平区为例(英文). 生态学报, 24(12):2853-2858.

张生瑞，向宝惠，鞠洪润. 2016. 龙胜各族自治县空气负离子资源的分布特征及开发策略. 中国科学院大学学报, 33(3): 365-372.

张双全，刘琢川，谭益民，等. 2015. 长沙市不同功能区空气负离子水平研究. 重庆三峡学院学报, 31(3):104-108.

张松林，张昆. 2007. 全局空间自相关 Moran 指数和 G 系数对比研究. 中山大学学报(自然科学版), 27(3):93-97.

章志攀，俞益武，孟明浩，等. 2006. 旅游环境中空气负离子的研究进展. 浙江林学院学报, 23(1):103-108.

赵雄伟，李春友，葛静茹，等. 2007. 森林环境中空气负离子研究进展. 西北林学院学报， 22(2): 57-61.

钟林生，吴楚材，肖笃宁. 1998. 森林旅游资源评价中的空气负离子研究. 生态学杂志， 17(6): 56-60.

朱春阳，纪鹏，李树华. 2013. 城市带状绿地结构类型对空气质量的影响. 南京林业大学学报(自然科学版), 37(1):18-24.

朱会义，刘述林，贾绍凤. 2004. 自然地理要素空间插值的几个问题. 地理研究, 23(4):425-432.

宗美娟，王仁卿，赵坤. 2004. 大气环境中的负离子与人类健康. 山东林业科技, (2):32-34.

Anselin L. 1995. Local indicators of spatial association—LISA. Geographical Analysis, 27(2):93-115.

Barsi J A, Schott J R, Palluconi F D, et al. 2005. Validation of a web-based atmospheric correction tool for single thermal band instruments. Proceedings of SPIE—The International Society for Optical Engineering, 58820.

Carlson T N, Ripley D A. 1997. On the relation between NDVI, fractional vegetation cover, and leaf area index. Remote Sensing of Environment, 62(3): 241-252.

Cibula W G, Zetka E F, Rickman D L. 1992. Response of Thematic Mapper bands to plant water stress. International Journal of Remote Sensing, 13(10): 1869-1880.

Daniell W, Camp J, Horstman S. 1991. Trail of a negative ion generator device in remediating problems related to indoor air quality. Journal of Occupational Medicine Official Publication of the Industrial Medical Association, 33(6): 681.

Hardisky M A, Klemas V, Smart R M. 1983. The influence of soil salinity, growth form, and leaf moisture on the spectral radiance of Spartina alterniflora canopies. Photogrammetric Engineering and Remote Sensing, 49(1): 77-83.

Hideo N , Osamu A , Yukio Y, et al . 2002. Effect of negative air ions on computer operation, anxiety and salivary chromogranin A-like immunoreactivity. International Journal of Psychophysiology , 46(1):85-89.

Hirsikko A, Yli-Juuti T, Nieminen T, et al. 2007. Indoor and outdoor air ions and aerosol particles in the urban atmosphere of Helsinki: characteristics, sources and formation . Boreal Environment Research, 12(3):295-310.

Hunt Jr E R, Rock B N, Nobel P S. 1987. Measurement of leaf relative water content by infrared reflectance. Remote Sensing of Environment, 22(3): 429-435.

Jiménez-Munoz, Juan C. 2003. A generalized single-channel method for retrieving land surface temperature from remote sensing data. Journal of Geophysical Research, 108(D22):4688.

Jovanic B R, Jovanic S B. 2001. The effect of high concentration of negative ions in the air on the chlorophyll content in plant leaves. Water, Air, and Soil Pollution, 129(1/4): 259-265.

Krueger A P. 1985. The biological effects of air ions. International Journal of Biometeorology, 29(3):205-206.

Liu S L, Li Q S, Lv W F. 2013. Measuring air anion Ccncentration and researching development of forest health tourism in Riyuexia National Forest Park. Applied Mechanics and Materials, 320:743-747.

McDonald A J, Gemmell F M, Lewis P E. 1998. Investigation of the utility of spectral vegetation indices for determining information on coniferous forests. Remote Sensing of Environment, 66(3): 250-272.

Meng X J, Hou Y Z, Li Y M. 2009. Spatial distribution characteristics of negative air ion concentrations in Danqinghe experimental forest, Harbin City. Chinese Forestry Science and Technology, 8(3):57-63.

Moran P A P. 1950. Notes on continuous stochastic phenomena. Biometrika, 37(1/2):17.

Pan X L, Zhang D Y, Chen X, et al. 2009. Effects of short-term low temperatures on photo-system II function of samara and leaf of Siberian maple(Acer ginnala)and subsequent recovery. Journal of Arid Land, 1(1): 57-63.

Pawar S D, Meena G S, Jadhav D B. 2012. Air ion variation at poultry-farm, coastal, mountain, rural and urban sites in India. Aerosol and Air Quality Research, 12(3): 444-455.

Reiter R. 1985. Frequency distribution of positive and negative small ions concentrations, based on many years' recordings at two mountain stations located at 740 and 1780 m ASL. International Journal of Biometeorology, 29(3): 223-231.

Ryushi T, Kita I, Saurai T, et al. 1998. The effect of exposure to negative air ions on the recovery of physiological responses after moderate endurance exercise. International Journal of Biometeorology, 41(3):132-136.

Snyder W C, Wan Z, Zhang Y, et al. 1998. Classification-based emissivity for land surface temperature measurement from space. International Journal of Remote Sensing, 19(14): 2753-2774.

Sobrino J A, Raissouni N, Li Z L. 2001. A comparative study of land surface emissivity retrieval from NOAA data. Remote Sensing of Environment, 75(2): 256-266.

Terman M, Terman J S. 1995. Treatment of seasonal affective disorder with high-output negative ionizer. Journal of Alternative and Complementary Medicine, 1(1):87-92.

Tobler W. 2004. On the first law of geography: A reply. Annals of the Association of American Geographers, 94(2):304-310.

Van De Griend A A, Owe M. 1993. On the relationship between thermal emissivity and the normalized difference vegetation index for natural surfaces. International Journal of Remote Sensing, 14(6): 1119-1131.

Wang J, Li S H. 2009. Changes in negative air ions concentration under different light intensities and development of a model to relate light intensity to directional change. Journal of Environmental Management, 90(8): 2746-2754.

Wu C F, Lai C H, Chu H J, et al. 2011. Evaluating and mapping of spatial air ion quality patterns in a residential garden using a geostatistic method. International Journal of Environmental Research and Public Health, 8(6): 2304-2319.

Yan X J, Wang H R, Hou Z Y, et al. 2015. Spatial analysis of the ecological effects of negative air ions in urban vegetated areas: A case study in Maiji, China. Urban Forestry and Urban Greening, 14(3):636-645.

彩　图

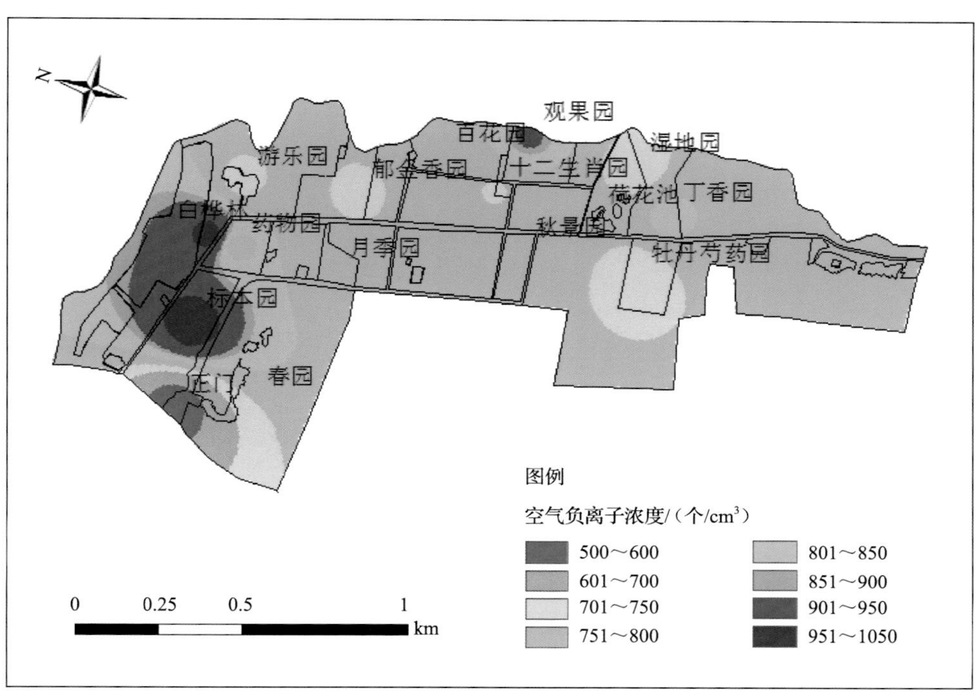

图 3-12　功能区空气负离子浓度分布图

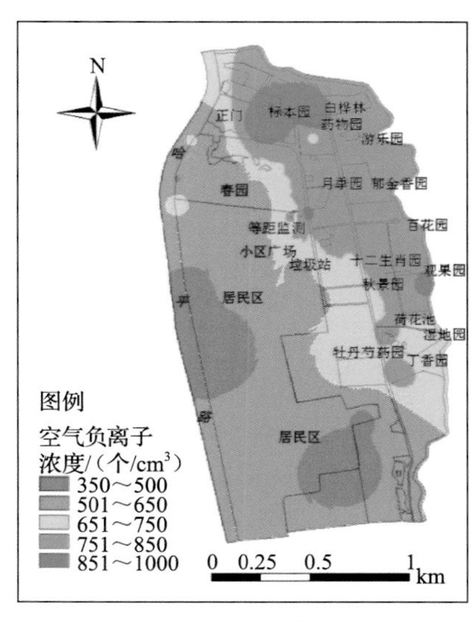

（a）7月份空气负离子插值

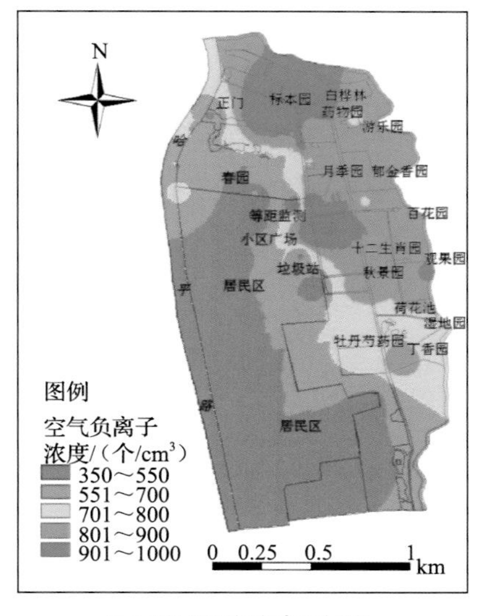

（b）8月份空气负离子插值

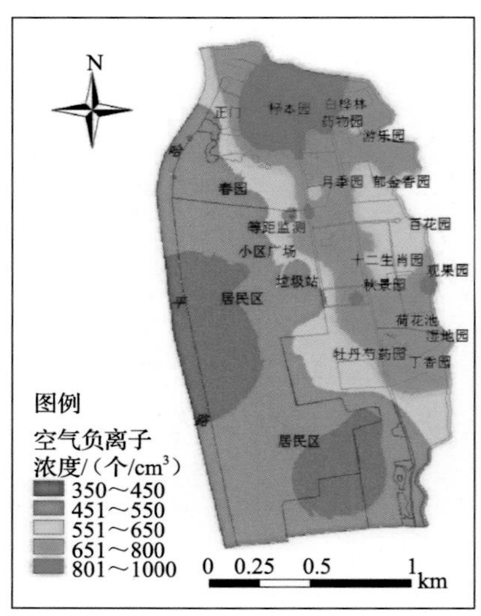

（c）9月份空气负离子插值

图 3-13 反距离加权插值分布图

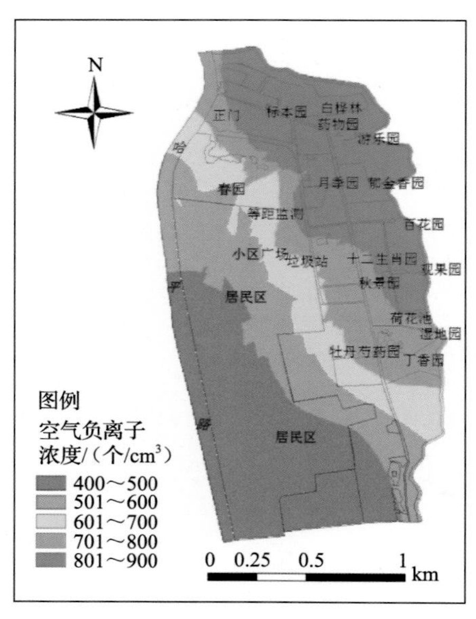

（a）7月份空气负离子插值

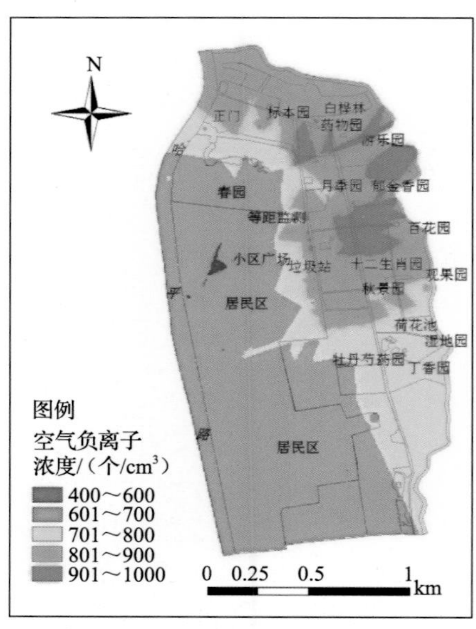

（b）8月份空气负离子插值

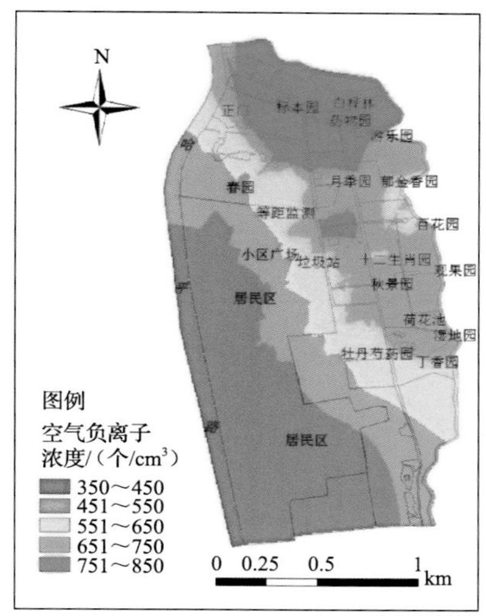

（c）9月份空气负离子插值

图 3-14　克里金插值分布图

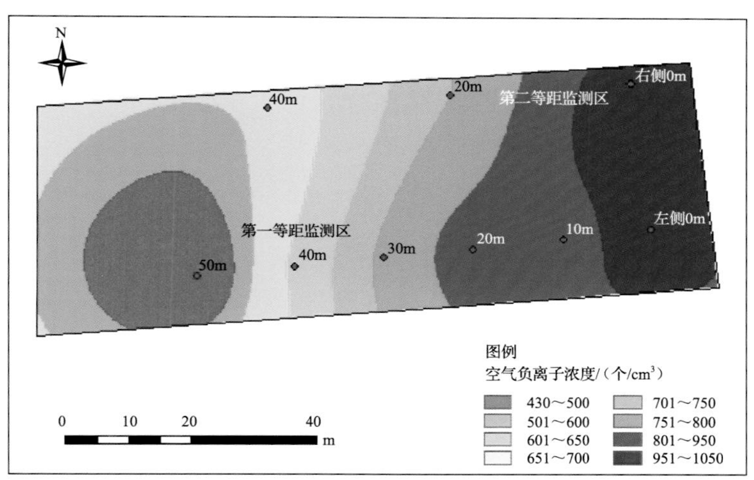

（a）第一等距监测区和第二等距监测区

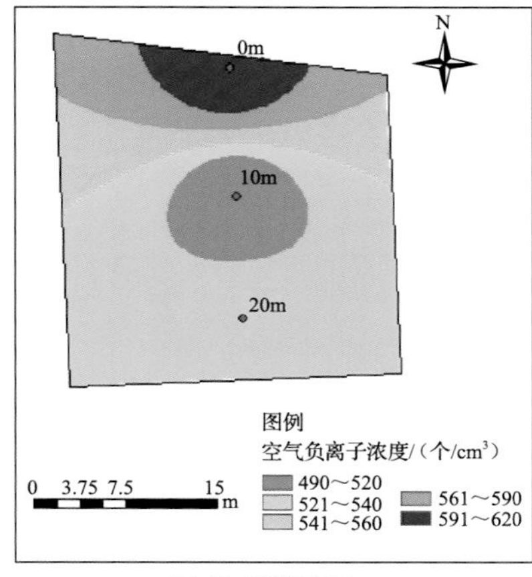

（b）第三等距监测区

图 3-16　等距离空气负离子分布图

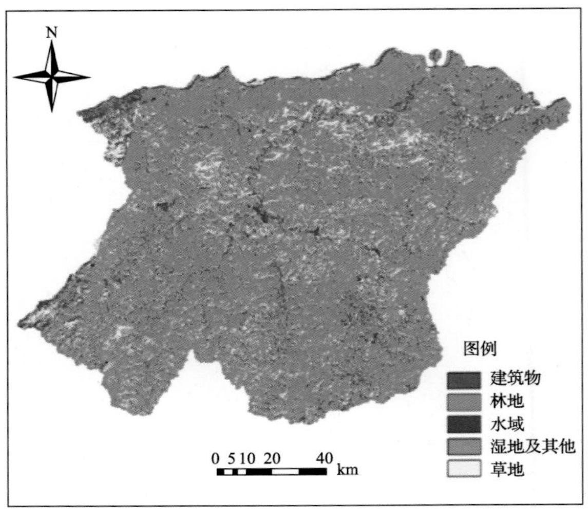

图 5-9　漠河市土地利用图

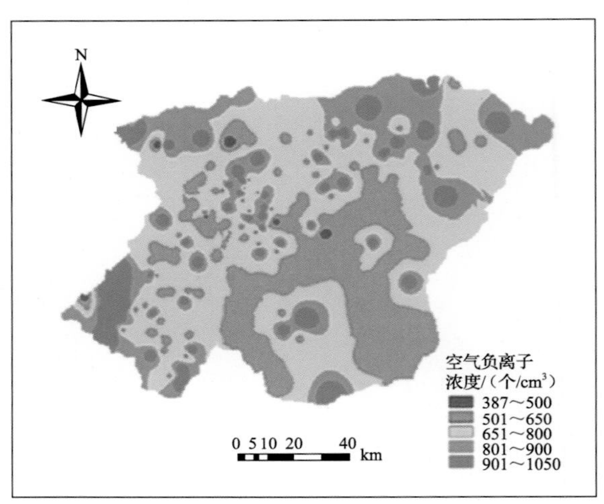

（a）趋势面插值法

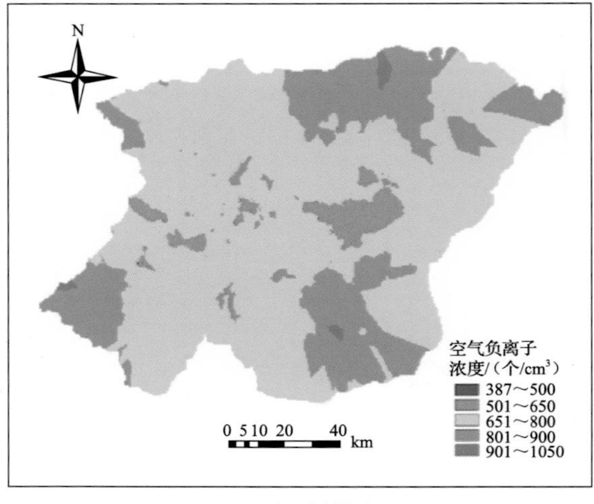

（b）克里金插值法

图 5-10　空气负离子插值分布图

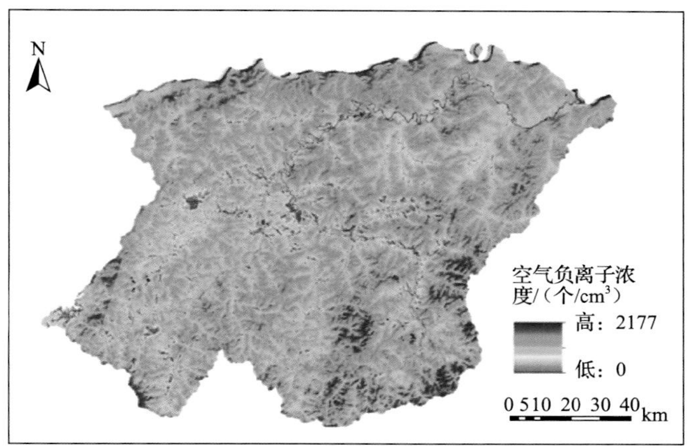

图 5-28　空气负离子浓度反演图

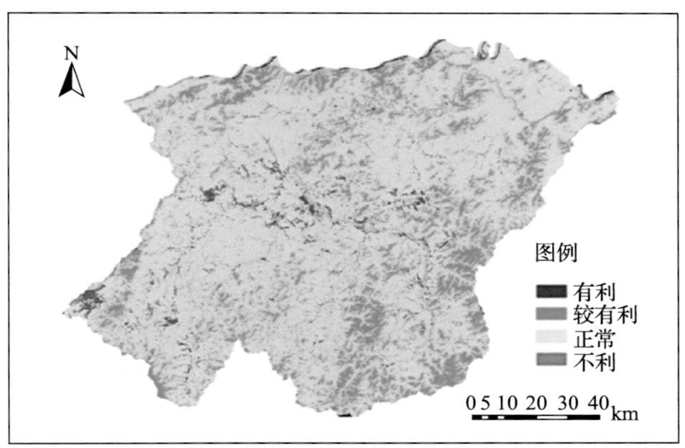

图 5-29　空气负离子浓度分级图

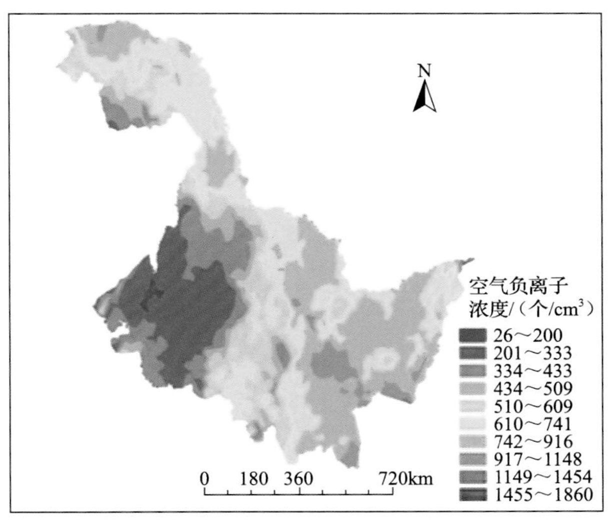

（a）基于普通克里金插值法的空气负离子浓度空间分布

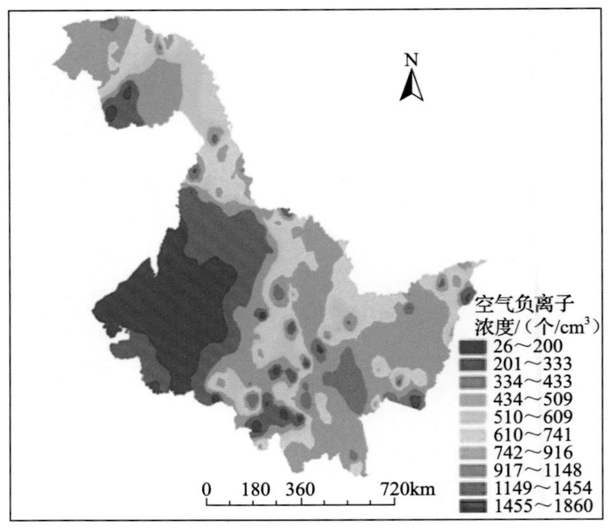

（b）基于反距离加权插值法的空气负离子浓度空间分布

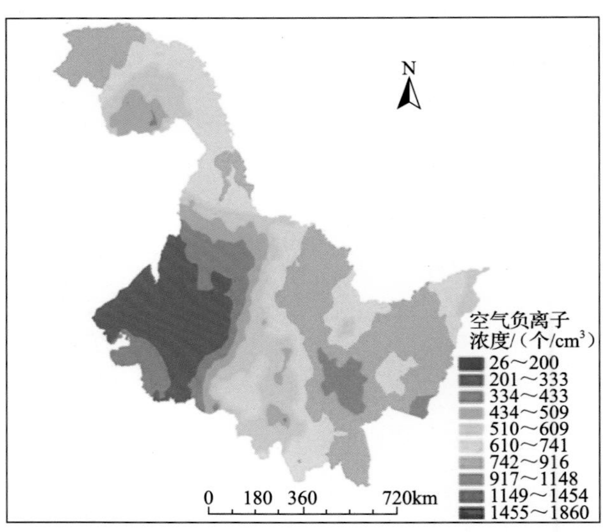

（c）基于径向基函数插值法的空气负离子浓度空间分布

图 6-4　基于不同插值方法的黑龙江省夏季空气负离子浓度空间分布图